U0937947

记忆中熟悉又陌生的面孔

陶瓷兔子——著

北京联合出版公司
Beijing United Publishing Co.,Ltd.

图书在版编目（CIP）数据

记忆中熟悉又陌生的面孔 / 陶瓷兔子著．-- 北京：北京联合出版公司，2021.5

ISBN 978-7-5596-4469-5

Ⅰ．①记… Ⅱ．①陶… Ⅲ．①人生哲学 - 通俗读物 Ⅳ．① B821-49

中国版本图书馆 CIP 数据核字（2021）第 055648 号

记忆中熟悉又陌生的面孔

作　　者：陶瓷兔子

出 品 人：赵红仕

责任编辑：徐　樟

特约编辑：连　慧

策划编辑：王　萌　罗　盛

封面设计：三形三色

北京联合出版公司出版

（北京市西城区德外大街 83 号楼 9 层　100088）

河北照利印刷有限公司印刷　新华书店经销

字数 180 千字　880 毫米 ×1230 毫米　1/32　8.5 印张

2021 年 5 月第 1 版　2021 年 5 月第 1 次印刷

ISBN 978-7-5596-4469-5

定价：48.00 元

序

为了孤独而读书

你好呀，见字如面，这是我的第六本书。

说来真是好笑，我人生中第一本爱不释手的书，是一本四百多页的《世界名著大全》。

它是我上小学五年级的时候买的，我在书店里只看了一眼它的目录，就软磨硬泡地央求我妈把它买下。

当然不是因为它精彩，那种不到一页的篇幅就介绍完一部名著的书能精彩到哪里去呢？但没有什么能比这种只用花一点儿精力，就能让自己显得很有学问的读物更能满足一个小孩的虚荣心。

我一有时间就读这本书，直到对书中每一部名著的简介都烂熟于心。我知道《简·爱》是一个自尊丑女孩的成长史，知道《傲慢与偏见》是一个差点被误会耽搁了的爱情故事，也知道《红楼梦》里有很多漂亮姐姐，和一个没出息的纨绔子弟。

这本书曾经给我带来过很多的“福利”，当课文里出现这些名著的情节时，我总能第一时间切入中心思想：

《悲惨世界》讲的是善良与邪恶间不懈的斗争；《雾都孤儿》是对资本主义的无情批判；《水浒传》里都是大英雄，他们反抗的是腐朽黑暗的封建统治。

这种把戏我一直玩到初中毕业，中考之后，有次跟爸妈去一个伯伯家做客。伯伯的女儿当时正在大学念文学专业，等跟长辈们寒暄完，她就把我带进了家里的书房。

她的书架上摆着满满的书，其中的大多数都曾出现在我那本《世界名著大全》里，我得意地宣称，这些书自己也看过。

“哦，那你最喜欢哪一本呢？”她问我。

“最喜欢《悲惨世界》，因为它写的是善良和邪恶之间的对决，还对法国腐朽的官僚系统进行了深刻而严肃的批判。”

我扬扬得意地背出标准答案，她却挑挑眉笑了，那个笑容像是自己会说话，问我，“你真的看过这本书吗？”

我那些虚张声势的小把戏，就像一个虚幻的泡泡，被看破戳碎。

“其实我看过一点……但看不懂。”

我不是没想过把自己伪装得更高大上一点，只是每次在书店翻到这本书，里面复杂的人名地名、琐碎的情节，都会把我在前二章劝退。

“能看懂多少就先看懂多少呗，反正剩下的，你以后也会懂。”她耸耸肩，“反正你最不需要的，就是什么对决，什么批判之类的。”

从那个暑假开始，我忽然对那本百科全书似的《世界名著大全》失去了兴趣，我整天泡在图书馆里，囫囵吞枣地咽下一本又一本书。

《安娜·卡列尼娜》《飘》《水浒传》《红楼梦》《红与黑》……

那些曾经只代表一个名字的故事，终于开始有了模糊的形象，这些形象像是一个个模糊的影子，在高中三年繁重的课业间隙，时不时出现在我脑子里。到了大学的时候，我把这些书又读了一遍，工作之后，又读了第三遍。这时回头看去，才发现自己当年靠着一本《世界名著大全》想要速成阅读有多可笑。

真正打动人的，从来都不是什么冠冕堂皇的“意义”“价值”和“中心思想”，它只是一个又一个人跟你我这样的普通人一样，遇到的一个又一个有关爱、有关成长和有关选择的问题。

那些人的影子那样熟悉，以至于隔着几十甚至是上百年的时光，你依然可以轻松地从身边找出这些影子的存在。

于是就有了你看到的这本书，它不是什么高大上的文学讲义，更不是什么分析细节写法的小说课，它只是这个阶段的我最想弄清的一些事：

为什么有的人明明成功地逆天改命，却依然身不由己?

为什么职场中有的人看起来能力平平，却能成为团队的主心骨?

相爱的人会错过，真的只是因为性格不合吗?

到底要不要“做自己”？什么才是“做自己”？

高敏感的人应该如何和这个世界相处?

书里都是别人的故事，但从那些故事里得到的光亮，也能照亮我们的一生。

当你不知道该做什么的时候，它们帮你选择。当你不知道孰对孰错的时候，它们教你判断。在一个个夜深人静的晚上，像一颗颗闪闪发光的小石子，带你到时间的彼岸，给过去或未来的自己一个答案。

每一本书里，都是千千万万个自我的碎片，等待你将它们温柔地接住。当你确认了它们的存在，你也就慢慢构建出了自我。

你还可以凭借这些碎片，在茫茫人海中找到与你相似的存在，像是彼此的镜子一般，互相见证彼此的选择、变化和成长。

这也是我写这本书的一点小小私心。

当问题碰到问题，就有了答案；当孤独遇上孤独，也就成了陪伴。

而这，就是最好的遇见。

目 录

为相似的灵魂做下标记，
唤醒淹没在浮世中的自己。

山前偶相见，山后又相逢。
于阅读中唤醒自己。

为相似的灵魂做下标记，

唤醒淹没在浮世中的自己。

《红与黑》［法］司汤达

于连的悲剧，
可能是每个年轻人都逃不过的困境

跟一位朋友聊天，她感慨自己的职业生涯可能到头了。

不是因为公司本身没奔头，虽然带着点儿国企的性质，但公司底子不错，有不少能做出好成绩的大项目。

也不是自己的能力不匹配，她工作五年，拿过四年的业绩冠军，虽不至于不可或缺，但也是举足轻重的业务骨干。

有机会，有能力，可她还是不上不下，公司里层层叠叠的裙带关系如同深海里隐秘的水草，在无数看得见和看不见的地方缠住她的脚。

主管的认可和欣赏怎么比得上某某董事的弟弟和某某经理的侄女来得有分量呢？

就在她心灰意冷时，一个男生开始追求她，他是某部门总监的儿子，刚留学回来，就坐上了二把手的位子。

她不喜欢他，他表白的时候，她想的却是：如果我嫁给他，是不是就算也是有关系罩着的“自己人”了，是不是就能拿到某某项目，突破这层天花板了？

真是没想到都 21 世纪了，想要往上爬还这么难，没人拉你一把，你就是无法着陆。

谁不想要更好的生活呢？想要凭自己的努力得到这一切，为什么这么难？

不甘心，有错吗？

我听着她的感慨，想起的是《红与黑》里的于连。

于连出身卑微，是一个木匠的儿子，他的父亲和哥哥连学都没上过，只能靠着帮别人做木工活儿为生。

于连不想重复这样的命运，他理想的生活，是穿着华丽的衣服，骑着高大的白马，被人像贵族一样尊重。

凭借聪明的头脑，于连成了雷纳尔家的家庭教师，在神学院进修时，他是三百多个学生中的佼佼者，毕业后被院长推荐给了德·拉莫尔侯爵。

从小文秘开始，他把所有工作都做得尽善尽美，之后他被侯爵委派为田庄管理人，甚至一些重要的政务文件也交给他处理。

好像终于跻身最上等的贵族圈子，但挤进去又能怎么样呢？他一个小秘书，不过是上流阶级庞大齿轮上的青苔，只因为出身卑微，拉莫尔庄园的客人谁都看不起他。

因为土里土气被人嘲笑，他可以去学习高贵的口音和神态；因为粗鄙被人看轻，他可以加倍认真地模仿贵族的举止言谈；因为身无长物遭人白眼，他可以努力提高自己的工作能力，成为侯爵不可或缺的助手。

当一个人仅仅因为出身不好就被看轻时，他还能怎么样呢？

他好像已经走了那么远，但得到的一切不过只是“排在末位跟侯爵同桌用餐”的资格罢了，明明是个骄傲的人，却卑微得好像一条狗。

求而不得时，你怎么办？

正是这样的背景下，当侯爵的女儿玛蒂尔达对于连表露出好感时，他立刻就抓住了她这架梯子。

他不爱她，却还是用花言巧语骗她怀了孕，又一字一句地教她如何跟父亲摊牌，非自己不嫁。

于连心知肚明，除了婚姻，他没有别的路可以走向自己向往的生活了。

这也是我每次想到都觉得很绝望的地方。

这才不是一个年轻男孩被虚荣蒙了眼、打破头也要挤进上流社会的故事。

它只是一个普通人为自己想要的生活拼尽了一切，却还是求而不得的无奈和不甘。

谁不想用清清白白的努力就得到一切呢？问题只在于，当通往成功的路注定是由肮脏和污秽铺就之时，你要不要走。

不走不甘心，但走下去又太难。

明明看不起名利场上的规则，却屈就于它；憎恨别人的不择手段，自己却更加无所不用其极。

你所追求的，偏偏是你最鄙夷的；要维护最清白的自尊心，却要用最肮脏的手段。

像极了《银魂》里的那句台词：

一旦迈出第一步，爱也好恨也好，都只能用战斗来表达，眼前出现真心想要的东西，也没有了可以拥抱的手臂，只能伸出利爪。

比求而不得更可悲的，是得到后的失望。

这种无望的努力，终究会撕扯着一个人的理智和坚持走向分崩离析。

像是于连知道了雷纳尔夫人给侯爵写了告密信，说他是阴谋地潜入一个家庭，打破其稳定和安宁来掏空家中的财产时，立刻火冒三丈决定要杀掉她的反应。

这个反应很奇怪，凭借于连的口才，他完全可以把这封信说成是一个醋意大发的女人的诋毁，但他居然一口承认了自己曾做过雷纳尔夫人的情人的事实。

更奇怪的反应在于，玛蒂尔达明明死心塌地要跟于连在一起，侯爵就这么一个女儿，等生米煮成熟饭，还怕得不到承认，得不到地位和财产吗？

一向精明的于连，大脑好像忽然宕机。他读完那封信后，拿起了手枪，驱车赶到雷纳尔夫人那里，朝她开了一枪，把自己送进了监狱。

这也正是《红与黑》里最难解释的情节之一。

要知道，雷纳尔夫人所在的弗利勒斯镇距离于连所在的巴黎足足有四百公里，在当时的交通条件下，要至少走上四五天才能到。

四五天的时间，足以消弭一个人的冲动，以于连的心智，不至于用四五天时间还想不明白事情的关键。

无论雷纳尔夫人写了什么，都无法改变玛蒂尔达已经怀孕的事实，只要把这个事实握在手上，他完全可以轻松迫使侯爵就范。

怎么解释得了呢？

他距离自己心心念念的生活，真的只有一步之遥了。像一个攀岩已经快到顶峰的人，抬起头就能望见日出，忽然放开了手。

我也是这次重读的时候，才突然理解了于连的这种“自毁”。

于连不是不知道自己所求的一切即将大功告成，他只是突然不想要那种所谓的成功了。

他所处的环境，不允许他凭借自己的努力过上想要的生活，不允许一个下层青年用自己的手推开上层社会的门。

他只能靠着去模仿他最厌恶的群体走向成功，最终得到的，却是自己更厌恶的生活。

比起求而不得的遗憾，这种终于费尽心思得到了，却发现这根本不是自己想要的才更绝望。

所以于连才要用这种自毁的手段亲手掐灭自己的前程，他拒绝了玛蒂尔达的营救，几乎是以迫不及待的姿态扑向了死亡。

我想，于连的结局也正是我们每个普通人都要面对的困境：

如果没有其他出路，你会不会为了最想要的东西，去做最不想做的事？

你有没有自己的天平？

《飘》[美]玛格丽特·米切尔

被误解与被消耗的爱情

1936年，玛格丽特·米切尔的《飘》出版，创下了前无古人的销售记录，最多时一天能卖出五万册。第二次世界大战期间，在部分地区，一本三美元的书被炒到了六十美元，市面上一书难求。

直到遭遇车祸，米切尔每天都会收到无数来自出版社、影视公司和读者的请求，求她再出一本《飘》的续集，但米切尔断然拒绝，她在声明上写道：

故事已经自然而合适地结束了。

可是，白瑞德最终离开了郝思嘉的结局让一代又一代读者揪心不已，郝思嘉能不能追回这个最爱她的人，也成了再也不会有答案的不解之谜。

我也曾经特别八卦地从书里搜集各种他爱她的证据，来佐证白瑞德最后会回心转意的猜测，但多年之后重读《飘》，才理解了米切尔认定故事已经结束的原因。

不是因为郝思嘉迟来的醒悟，更无关白瑞德被耗尽的耐心，他们的爱从一开始，就注定是要在误解中走向消亡的。

郝思嘉和白瑞德的第一次见面，是在她用尽心思要吸引卫希礼的聚会上。他看着她大展魅力，那双绿眼睛如同琥珀，让十二橡树的每个小伙子都为她倾倒。

看着她向卫希礼表白被拒，又羞又愤地给了卫希礼一个耳光，还砸碎了一个花瓶，一点儿也不像当时盛行的看见一只老鼠都要晕过去的淑女。

像是注定一样，他对她的好感与好奇，从开始就伴着另一个人的身影。

卫希礼的存在，像是郝思嘉和白瑞德之间不能提也拔不出的刺，郝思嘉对卫希礼的百般呵护，也让无数的女孩为白瑞德鸣过不平。

但郝思嘉真的爱卫希礼吗？我觉得未必。

卫希礼的第一次出场，是在郝思嘉的回忆里。

那年她才十四岁，他骑着马沿着长长的车道走过来，系着黑色的领带，衬衫上的饰边闪闪发光。他就站在那儿抬头对着她微笑，灿烂的阳光照在他的灰眼睛和金色头发上。

这就是心动的开始，而卫希礼对她礼貌地疏离，又加深了她对他的好奇和倾慕。

哪个漂亮女孩没有因为“别人都爱我，而他不爱我”而对那个人另眼相看过呢？更何况是“艳绝十二橡树”的郝思嘉。

想要得到他，想要嫁给他，但那不过是漂亮女孩的虚荣和占有欲。

她告白，被拒，怀着报复的心理嫁给了卫希礼的小舅子。南北战争爆发，她的丈夫上了战场又立刻牺牲。她以新寡的身份搬去亚特兰大，满心想的都是怎么能跳一次舞，怎么能再像从前那样大出风头。

她也想卫希礼，但想的并不多，也不过是“看看他家书里写了什么”的恶作剧而已。

这种占有欲是什么时候转为依恋的呢？是在亚特兰大失陷，郝思嘉带着媚兰逃回塔拉，不得不靠自己双手谋生的时候。

她从来都是一呼百应的娇小姐，现在却得提心吊胆地赶着马车，一边躲避军队，一边照顾车上三岁的孩子，以及刚出生没几天的婴儿和产后虚弱的媚兰。

她那双手从来不沾阳春水，为了养活自己和媚兰母子，她逮母猪，挤牛奶，摘棉花，偷偷去别人家田里用手刨土豆。

连菜刀都不曾握过的郝思嘉，为了保护庄园开枪打死了人；小半生没为钱操心过的小姑娘，为了三百美元就决定将自己半嫁半卖地托付给另一个人。

那也是她疯狂地想着卫希礼的时刻。

她已经失去了母亲这个支柱，对他的爱意和承诺成了她唯一的信念。

无数次想要撒手不管的时候，无数次想要独善其身的时候，无数次想要放弃的时候，都是对卫希礼的那点儿执念系住了她摇摇欲坠的生命力。

要是他在有多好；如果他不在了，她更不能对他失约；他还活着；他什么时候回家？

卫希礼是她风雨飘摇的生活中唯一能抓住的浮木，同时她也比任何人都清楚，哪怕她把整颗心都寄托给了他，真正的浪头打来的时候，她能依靠的也只有自己。

当她为了二百美金决定把自己嫁给弗兰克，来保住塔拉的时候，他什么也没做。

当她为了木材厂殚精竭虑，一边在生意场周旋，一边要应付身边的流言蜚语时，他什么也没做。

她满心都是他，但又不是他。

她心里的是那个在她十四岁时骑马而来，有着金色头发和灰色眼睛的少年。

是她无忧无虑的年岁，是她无论多努力，攒多少钱再也回不去的最美好的时光。

她郝思嘉已经被生活逼成了另一番样子，杀过人，刨过地，抛头露面地做生意，一副少女心熬成了坚固的墙。

但卫希礼没变，他还是那个内敛的、温柔的、淡漠的绅士，是她拼了命也想要护住的模样。

只要他不变，他就始终是她通往过去的那条路，能让她回到那个没有战争、没有死亡的年纪，她还是能迷倒一片男孩、能在母亲怀里撒娇的小姑娘。

与其说那是爱情，更像是一种执念。

郝思嘉回不去了，因此她不想让卫希礼走出来。

白瑞德懂得这种执念吗？我想是的，他曾经无数次明里暗里嘲讽郝思嘉对卫希礼的一厢情愿，也用过许多方法想要代替卫希礼，成为她心中新的安全感所在。

白瑞德那么懂郝思嘉，他总能一眼看穿她心里的小九九，总能轻易识破她的借口和谎言，可他却不明白如何跟郝思嘉这样的女孩谈恋爱。

她是个不会爱的人，对卫希礼求而不得，十六岁就赌气嫁了人，两个月后守寡，后来又为了钱匆匆嫁给了弗兰克。

在学会爱之前，生活先教会她的是刻薄、自私和狡黠。

她知道如何用美色谋生，却不知道什么是坠入爱河的感觉；她能在生意场上长袖善舞，却不知道如何跟另一半好好说话。

她不知道的这些，他也没能教给她。

白瑞德何尝不是骄傲的人，因为她对爱情的无知无觉，他也只好装出一副浑不吝的样子，跟她说话的时候，他脸上最常见的神情是嘲弄和讥讽。

哪怕是在向她求婚的时候，他说的也是："你总要找个有钱人结婚的，为什么就不能是我和我的钱呢？"

这也是我每每看到白瑞德露出那种"警觉、急切、等待的，像是猫盯着一只老鼠一般，耐心得几乎令人害怕的神情"，都会觉得特别心酸的原因。

他爱她，甚至已经爱到了那种可以被予取予求的程度，鼓励她一切的天性释放，让她做回十二橡树的那个骄傲任性的小姑娘。

但他却从未告诉过她自己的爱，相反，他要一次次地为了卫希礼跟她吵架，取笑她，调侃她，刺痛她。

对一个恋爱高手来讲，很轻易就能破解白瑞德浪子形象背后"求爱求抱抱"的意图。

可郝思嘉在恋爱场上就是个青铜啊，她连自己都弄不懂，对这种只有王者段位才能驾驭的招数根本没有还手之力，更别说什么礼尚往来。

而没有回应的爱总是会被耗尽的，所以最后的最后，白瑞德终于无奈承认自己爱不动了。

"思嘉，我从来就不是这样的人，能够耐心地捡起碎片，把它们用胶水粘在一起，然后告诉我自己，它还跟新的一样。打破的就是打破的，我宁愿去回忆它还完好无损的样子，而不愿去修好它。"

只是打破那颗心的，又岂止是郝思嘉一个。

白瑞德临走时那段剖白让人动容又心碎，但那终究来得太晚了。

晚到他们已经彼此折磨了那么久，晚到他们因为失去了小女儿邦妮产生了巨大的隔阂，晚到郝思嘉终于认清了自己对卫希礼的执念是保护而不是爱。

晚到那个不懂爱也不会爱的女孩终于后知后觉地意识到了，谁才是她人生中新的安全感。

但耗尽的爱最终还是耗尽了，人对人的爱从来都不是忽然消失的，而是如同濒死的恒星一般，一点点慢慢熄灭，再无转圜的余地。

我忍不住想，如果他早一点儿明明白白地告诉她他爱她会怎样？

如果他换上那种郑重的口吻跟她表白会怎样？如果他所有暗地里的偏宠和纵容，都换成明确的剖白和关心会怎样？

他爱她，但不懂她；她爱上了他，最终还是错过了他。

只可惜没有如果，他们都回不到当初，这才是最让人意难平的结局。

《名利场》

[英]萨克雷

这不是你梦寐以求的成功吗？
为什么身不由己

萨克雷的《名利场》里，最让人感慨的当属女主角之一的蓓姬。

她母亲早亡，跟着穷画家父亲一起讨生活，八岁起就开始当家，盘算着如何拿父亲卖画得来的微薄酬劳果腹，跟各种讨债人周旋，哄得他们允许父女俩晚几天交房租，或者再赊一顿晚饭。

就连上学都是半工半读，要靠给低年级的小孩教法语来抵充学费，在学校受尽白眼，就连毕业礼上必备的《圣经》，校长也会用各种借口克扣她那一本。

美强惨，像极了所有大女主剧的开端。

蓓姬也不负所望地开始了自己的逆袭之路。毕业之后，她借住在好友艾米的家，这个中产家庭的丰裕安稳像是一块巨大的磁石，让她不由自主地想要靠近。

可怎么靠近呢？她经过周密的盘算，决定对艾米的哥哥暗送秋波，希望能打动对方，嫁进这个衣食无忧的小家庭。

很不矜持，很不淑女，甚至连真心都没有几分。

可她也没有第二条路能走。没有母亲，就没有人带着她进入社交圈；没有父兄，没人替她谋划；没有陪嫁，就别想找到一个愿意娶她的人。

这样的蓓姬，早就明白了真爱于她是天方夜谭。

可那年她还只有十六岁，自以为隐秘的欲擒故纵早被艾米的爸妈和未婚夫看得一清二楚，而他们也不能免俗地，认定了蓓姬“配不上”。

姻缘无望，她只有离开。她去做家庭教师，事事周密，样样出挑，很快就得到了主人家的赏识，身份地位俨然如同女管家，还赢得了二少爷罗登的垂青。

在当时地位阶层几近固化的英国，一个孤女跟一位上校的结合会为所有人不容。然而她还是选择了放弃得心应手的工作，拒绝老男爵的追求，跟罗登私奔了。

这一步险棋，终于将她渡到了安稳的彼岸，让她成为克劳利夫人。

罗登和蓓姬婚后不久，就因为拿破仑的入侵要奔赴战场。作为随行亲属的蓓姬，因为自己的幽默和落落大方在军营里人缘好得出了名。

她甚至是筹措家用的顶梁柱，罗登贪玩又没有积蓄，他一手“高超的牌技”全要仰仗蓓姬将赢他钱的人哄得服服帖帖才有用武之地。

但哪个妻子愿意看着自己的丈夫天天输钱，还跟在另一个女人的裙边献殷勤呢？

在成为所有男人的爱慕对象的同时，她也让自己成为所有女人嫉恨的目标。

所有人都喜欢她，和所有男人都喜欢她，虽然只有一字之差，却足以决定一个人的境遇。

蓓姬又一次没有了朋友，但她不在乎，光是斩获的那些爱慕的眼光就是最好的战利品。她还要好好利用这些爱慕，偷偷给自己攒小金库。

那是只有受过苦、熬过穷的女孩才能懂得的道理：

一切都是靠不住的，除了自己手里的钱。

战争终于爆发的那一天，男人们都要上战场，谁也不知道这次生离是不是死别，在哭哭啼啼的妻子们中，只有蓓姬面带微笑。

她甚至精心打理了前一夜舞会上带回来的花，美美地睡了一觉之后，她喜滋滋地开始算自己手头的钱。

除了罗登留给她的东西之外，她从爱慕者那里收获的礼物足够换六七百英镑，哪怕罗登不幸牺牲，这笔钱也足够让她东山再起。

或许就是在这时，那个隐秘的念头开始在她心里萌芽。

原来没有他也可以，原来没有任何人都可以。

这世上，本来就没有比美色更所向披靡的武器。

想通了这一关节的蓓姬，很快成为社交场上最耀眼的新星。

她本来就生得美，又惯善察言观色、逢迎讨好，很快为自己吸引了一票“俘虏”。那些暧昧和倾慕像是一张网，供她一步步攀爬而上。

借助那张网，她为罗登谋到了很好的职位，也为自己赢得了身份和地位，得以进入一个又一个更高的社交场，从男爵到伯爵，最后到宫廷。

她终于活成了自己期望中的样子，被国王和王后接见之后，也没有人再敢看不起她，菲薄她的出身。

她好像终于可以坦坦荡荡地走在阳光下了，同时，头顶的乌云也如影随形。

“她是清白的吗？她还是清白的吗？”成了所有人心底的不解之谜。

为了赢得关注，她编出了一个又一个谎言周旋于不同的男人之间；为了获得资源，她常常在深夜还陪着有权有势的伯爵聊天逗乐。

夜深人静的时候，她也会生出悔意，向往安全稳定的生活。

“我宁可不要我在社会上的地位，宁可不要所有的高亲，但愿能把这一切换成一笔三厘年息的公债，能过上小康日子就够了。”

但欲望从不会自动停下脚步，有了地位，还想要更高，有了钱，永远渴望更多。那些伴随她一路走来的贪图，已经成为她命运的一部分，裹挟她一路向前。

玩火的终被焚，那些暧昧为蓓姬编织的一切，都被罗登的怒火所打破。而她撒过的谎，终于也像倒下的多米诺骨牌，斩断了她所有的退路。

被她骗过的，心存戚戚；没被她骗过的，也对她的名声早有耳闻，因此退避三舍。

罗登心灰意冷离她远去，儿子跟她疏远形同陌路，没家可回，没朋友可说，曾经风光无两的蓓姬，最终沦落到了贫民窟的廉价旅馆，靠着在小赌馆里骗钱生活。

每每看到这里我都会觉得难过，你看着她那么努力地追求自己渴望的一切，看到那一切距离她已经那么近，最终还是失之交臂，从一个噩梦，到了另一个噩梦。

多希望她能在走错那一步之前叫声“停”，在她跟罗登结婚之后，在她被国王接见之后，在她有了几千英镑的积蓄之后。

可她做不到的，因为不曾拥有过而生出变本加厉的弥补心理，因为担心失去手头那一点儿甜的恐惧情绪，因为没有退路而不得不百般算计的惯性。

是这些林林总总的东西裹挟着她，让她一步步向前，却也一步步靠近自己的悲剧。

我喜欢的作家黎戈写过这样一句话：

她想要得到美，就必须先经过丑，想要像一只鸽子般的纯洁和善良，就必须得用毒蛇般的心计来维持。

可人心从来都是单行道，习惯了丑，习惯了心机与算计之后，是不可能再做回鸽子的。

这也是无数像蓓姬一样，想要逆天改命的女孩常常落入的陷阱。

比加速更重要的，是踩刹车的能力。

被自己所追求的一切所吞噬，才是人生最大的悲剧。

《远大前程》

［英］狄更斯

或许只有于连才懂匹普的幸运

最近在重读狄更斯的《远大前程》：名叫匹普的小男孩父母双亡，由姐姐和姐夫在一家铁匠铺子里抚养长大，机缘巧合下，他赢得了贵妇郝薇香的青睐，并对郝薇香的养女伊丝黛拉情根深种。

他原本对自己清贫的生活非常满意，可对伊丝黛拉的爱激起了他所有的自惭形秽。就在匹普对命运心怀怨怼时，他年幼时帮助过的罪犯马格韦契突然出现，不仅偷偷资助匹普去伦敦接受上等教育，还给了他一笔可观的财产。

这像是一个成功的逆袭故事，穷小子洗掉了自己一身的粗鄙穷酸，有了学识又有了财产，终于有资格与心中的女神并肩而立。

但幻灭来得远比圆满要快。马格韦契回到英国之后被捕，所有财产都被查抄。匹普的锦绣前程也随之灰飞烟灭，还背上了一大笔债务，伊丝黛拉也嫁给了他一直看不顺眼的死对头。

我在读着匹普的故事时，一次又一次地想起《红与黑》里的于连。

都自尊，都上进，都是从贫苦的农门踏进上流社会。

也都虚荣过，都迷失过，都经历过梦想幻灭的狠狠坠落。

唯一的不同是在幻灭之后，于连选择了死亡，匹普选择了重新来过。

是因为于连太懦弱，而匹普更耐摔吗？

我并不是个唯心论者，但也忍不住觉得，在人生最关键的档口，决定一个人是能鼓起勇气拉自己一把，还是破罐子破摔、索性把自己推出去一路坠落的，或许并不是性格，而是命运。

命运给了匹普太好的礼物——他的姐夫乔。

乔始终对匹普照顾有加，即便当匹普去了伦敦，沾染了一身浮夸虚伪，看不起乔的装饰和方言时，乔也没有因此疏远他，还是对他关心有加。

在匹普的“上等人”梦破碎之后，也是乔一直陪着他，没有一句责备，甚至悄悄帮他还清了债务。

这种无条件的爱与支持，让乔的铁匠铺子成为匹普只要转身就能回去的家。

相比之下，于连有什么呢？

命运给他的只有一个看不起他的父亲和总是欺负他的两个哥哥，

他离家的时候一心想要出人头地，“再也不要让人看不起”。

进入上流社会对于他来讲不仅仅是人生的梦想，还是扬眉吐气的机会。只有有了财富、地位，才能得到亲近之人的爱与尊重。

这也让他的梦碎尤其残酷。

一夕间，他所渴望的一切都没了，除了为爱奔走的玛蒂尔达之外，他身边都是幸灾乐祸的看客。

于连入狱之后，他父亲曾经来看望过他一次，但也正是这一次，成了压垮他求生意志的最后一根稻草。

他父亲不断斥责他失败、软弱、没出息，于连想到只有以死明志，才能证明自己的骨气。就在他心灰意冷地分配遗产时，父亲也没表现出一丝一毫关切，他留给于连的最后一句话是：

“如果你愿意像一个善良的基督徒那样死去，就该把积欠的债都还清，你的膳食费、教育费都是我垫付的……”

东山再起或许不难，但一个人得到的爱、支持与信任往往才是那座东山屹立的根本。

可于连的人生就是一座架构在名声、财富、地位上的海市蜃楼，他输不起，是因为他原本就什么都没有过。

小学五年级的时候，我跟一个女孩坐同桌。

我们住得近，每天都一起去上学，有天到了学校才发现，我们要交给老师的七十五块钱书费都不见了。

大概是上学路上打闹时弄丢的，在那个人均工资以“百”计算的年代里，七十五块钱并不是小数目。我哭着回家坦白“罪行”，但我妈只是淡定地问了问事情的经过，就又给了我七十五块钱，并且帮我在校服里缝了一个带纽扣的暗口袋。

看，以后把钱放在这里，就不容易掉了。

第二天，我们一起补缴了钱，以为这场风波就此揭过，没想到过了两天，就有另一位同学的家长找到学校，说同桌的女孩偷了他家的钱。

他们家在学校门口开着一个文具铺子，放钱的盒子就在里间屋的写字台上，而那天下午，借口一起做作业走进里间屋的，只有她一个人。

她的父母也很快被叫来学校，在人来人往的走廊上，对她劈头就是一个大耳刮子，她的鼻血瞬间就流了下来，就连那个被偷钱的阿姨都看不下去了，老师也在一旁劝慰：“孩子还小，要慢慢教育，先把钱还给人家……”

“拿啥还？我可没钱。我给过她七十五，是她自己弄没了，还要让我给？真是个赔钱货……”

“你怎么不去死呢？败家子。”每骂她一句，她妈妈都要踢上她一脚。

我不知道这件事最后是如何解决的，很快她就开始迟到早退，跟所有人都渐渐疏远，到了初中就彻底不来上学，成了老师同学口中的“不良少女”。

我曾经以为她就是个天生的“坏女孩”。

直到多年之后想起这件事，回忆像是聚光灯一样打在当年的我们身上时，我才想起另一种可能。

如果我跟她易地而处，我是那个因为丢了钱要被骂“赔钱货”，最后还得自己想办法解决的小姑娘，我真的敢把丢钱的事情告诉父母，又能这么风轻云淡地把它揭过吗？

有时候我们以为自己是个好人，或许只是因为尚未沦落到需要考验人性的地步。

一边不允许孩子撒谎偷窃，一边又不肯原谅孩子的失误，这样的“双重束缚”，是对一个人的巨大折磨。

而在这种折磨下长大的孩子，看似最要强，其实也最脆弱。

因为无人可依，只好把一切都一肩扛着，顾得了眼前顾不上身后。又因为没路可退，只能孤注一掷，眼睁睁看着自己一步步走向深渊，却无法回头。

这是于连的命运，也是无数生活在“双重束缚”下的孩子的命运。

或许也只有他们才懂得匹普的幸运。

人生最可悲的从来不是走错路，而是想回头时，却无路可走。

《人间失格》

[日]太宰治

最近读完了《人间失格》，比起好几年前的不知所云，这一次更多的是惋惜。

当看着叶藏从一个敏感早慧的孩子渐渐长大，亲手把一手好牌打得稀烂时，我在情感上同情他的际遇，理智上却忍不住感慨他太作。

太宰治笔下的叶藏，正是一个典型的“高敏感星人”，对周围环境和人际关系的敏感度高到不可思议的程度，对自己的价值却又怀抱着深深的质疑。

只要感知到别人的不安和不高兴，就觉得是自己的错。

常常想要独处，但又害怕寂寞。

总是被人说“你想太多了吧”。

在人群中总是无所适从，又因为自己的手足无措，对自己的存在产生了强烈的羞耻感。

如果你也有过这样的感觉，大概率你也是来自高敏感星球的使者。如何避开叶藏掉过的坑，找准让自己舒适的位置，下面这五条建议或许能帮到你。

1. 允许自己跟别人不一样，但那不是“随便作”的借口

小说里的叶藏，是一个很典型的“伪装型高敏感者”。

他从很小的时候就意识到了自己跟其他人不一样，但为了不被看穿，他选择的策略是戴上假面具，扮演一个傻乎乎的、讨人喜欢的小孩。

表面上总是笑脸迎人，暗中其实拼了命，战战兢兢如履薄冰，才艰难万分地维持住了人设。

我想，很多高敏感星人在最开始察觉到自己的高敏感特性后，都本能地跟叶藏做过同样的举动，想要把自己藏起来。

为什么我不能跟别人一样？为什么我没办法控制自己想太多？我真是太失败了。一定不能让别人发现这样的我。

藏匿内心通向自我否认，否认自己带来羞耻感，这个过程往往会给一个人的自我认知带来毁灭性的打击。

万幸的是，比起叶藏或太宰治，我们生活在一个更宽容，也更加多元化的时代。作为高敏感星人，你最需要做的事就是承认自己的高

敏感，并跟身边重要的人做好充分沟通。

对，我就是很容易多想，就是害怕一个人吃饭，就是不敢欠人情，就是会把很多与自己无关的事看成自己的错。

我很努力地在调整自己了，但这就是我原本的样子，希望你时不时地，也能接纳一下这样的我。

这样的自我心理建设和改变沟通方式，是高敏感星人必须迈出的一步。

物极必反，高敏感人群还需要有意识地控制自己，不要走向破罐子破摔的另一个极端，拿自己的敏感来要求他人的迁就。

反正我改不了，你得多考虑我的感受；我都这样了，你还不让着我吗？

作为一个成年人，你有能力在为数不多的重要场合控制自己的言行，也有义务去学习与人沟通、合作的技巧。

毕竟你只是高敏感，而不是巨婴。

2. 一定一定，要学会温和地拒绝

高敏感星人一个常常被人诟病的特点，就是有时会显得神经质，而且不近人情。

通常情况下，高敏感星人对来自四面八方的请求都无力拒绝，可一旦到了某个临界点，平时看起来笑容可掬的老好人就会突然爆发。

你知不知道你很烦啊！这些小事也总要来找我！我都不麻烦你，

你为什么要麻烦我！

被“怒气弹”击中的人也是一脸蒙：这么点儿小事不帮就不帮呗，发这么大火干吗，至于吗？

他们只看到了高敏感星人的失态和不可理喻，却不知道在到达临界点之前，高敏感星人忍得有多么辛苦。

所以，为了避免达到怒气的临界点，高敏感星人需要学会推掉一些不必要的请求，在自己和他人之间设置明确的界限，才能获得人际交往的安全感。

一个简单的拒绝公式是：

先表达抱歉，再解释自己无法帮忙的理由，最后提出一个小的弥补性措施。

比如，当你的闺蜜连着三天打电话跟你吐槽男友时，你可以这样拒绝：“不好意思，今天加班特别累，我这会儿想一个人待着休息一下，明天晚上我打给你？”

与其在情绪爆发的时候控制情绪，不如从源头开始控制情绪的累积。

人人心里都有沉睡的怪兽，你要学会战胜那头怪兽。

3. 交朋友，从“同类项”开始

出于自我掩盖的本能，高敏感星人在交友时，常常有意无意地选择跟自己不一样的人。

像《人间失格》里的叶藏，就选择了跟自己完全不同的崛木做朋友，在大大咧咧的糙汉子崛木身边，他觉得自己的“高敏感”好像被遮蔽起来了，甚至连自己的钱包都愿意交给崛木，只求对方带着他玩。

表面上看来，叶藏和崛木的组合好像是种互补，实际上，崛木正是叶藏一步步走向毁灭的领路人。

他理解不了叶藏的敏感多情，更不知道叶藏的微笑下藏着怎样的恐惧和孤单。

在崛木的世界里，去居酒屋、去红灯区不过是种寻常消遣，但对于叶藏来讲，是放纵他在自己虚构的避难所越陷越深。

只有跟你一样的人，才明白你走过的是什么样的路，才知道你想去的是哪里，才清楚如何能帮你到达那儿。

你会有不同的朋友，但在你还不够强大之前，请尽可能找同类项，并从他们身上获得理解的力量。

4. 要有件能够安身立命的事

我有时候在想，如果叶藏有一份正经点儿的工作，他的人生会不会因此不一样。

因为要上班，他不能每晚喝得烂醉，从早到晚瘫在床上；

因为要赚钱，他不能放任自己随便使小性、甩脸色，也没时间跟崛木这样的人频繁来往；

因为要糊口，他必须得收敛起自己的多愁善感，打起精神跟人交往。

人最悲哀的，是不得不谋生，但人最幸运的，也是不得不谋生。

在生活面前，我们都比自己想象的更强大。

5. 给自己的敏感找一个出口

大多数高敏感星人，在艺术或文学领域都有不俗的天赋。

由于情绪的颗粒度更高，对外界事物的感觉更加敏锐，更能沉下心跟自己对话，高敏感星人很容易捕捉到一些其他人感觉不到的痛点或者场景，并将它们转化为其他人求之不得的灵感。

画画、写作、插花、陶艺，都是可以帮助高敏感星人释放多余的情绪和感受的同时，获得成就感的选项。

既然都控制不住想太多了，那就再想多一点儿吧。

既然没办法让自己“不受影响”，那就试着让被影响的效果为我所用。

高敏感可以是内耗，也可以变成天赋。你如何使用它，它就如何回馈你。

《傲慢与偏见》

［英］简·奥斯丁

这一次，没有爱情也可以

前段时间重读了《傲慢与偏见》，发现了一位宝藏女孩——鲁卡斯家的大女儿夏洛蒂。

夏洛蒂是女主人公伊丽莎白最好的朋友，论美貌、论故事都排不上番位，以至于很多人看完了书，都意识不到她的存在。

咖位低归咖位低，夏洛蒂却常常是点睛一笔。每每伊丽莎白情绪激动时，她都能保持冷静，不仅不附和伊丽莎白刻薄的吐槽，还能给闺蜜最中肯的建议。

在男恋女爱中，感恩图报和虚荣的心理几乎每个人都有，如果不借助这些而听其自然，是很难成功的。情爱的事，开始的时候都好说……

对某人有些偏爱好感，那是很自然的事；要能真正地去爱，如果得不到对方的鼓励，很少人有这样的勇气的。

看，她才不相信什么痴情什么钟爱什么一眼万年，男欢女爱的本质，不过是一场你追我逐的游戏。

当伊丽莎白抱怨宾利先生对姐姐简不够热情时，是夏洛蒂提醒她，简身上过分自矜的美德有时反而会成为爱情的绊脚石。

在伊丽莎白因为达西的傲慢耿耿于怀时，也是夏洛蒂一语点破她心中的小九九：

这么英俊潇洒的一个年轻人，有那么好的家庭、那么多的财产，事事顺遂如意，把他自己看得高一点儿，也不足为怪。我觉得，他有权利和资格骄傲。

她逼得伊丽莎白不得不承认，她的偏见并不是由于达西的傲慢本身，而是因为达西在舞会上“对她表现得很傲慢”，伤害了她的自尊心。

夏洛蒂比伊丽莎白看得更清楚，伊丽莎白对达西从来都不是无可挽回的厌恶，她的偏见、她的狡黠都指向同一目标，不是推开他越远越好，而是如何扳回这一局。

在整本《傲慢与偏见》的女性中，简“只会把人往好里想”；伊丽莎白虽然聪明，却情绪化得要命；莉迪亚虚荣轻浮；玛丽只会掉书袋；达西的妹妹乔治安娜拘谨怯懦。智商、情商始终在线的，好像只有夏洛蒂。

就是这样的夏洛蒂，在婚姻选择上却让人大跌眼镜。伊丽莎白拒绝了表哥科林斯的求婚后，夏洛蒂果断充当了“接盘侠”，从相识到示好再到订婚，满打满算堪堪一周，就为自己定了终身。

这当然并不是出于什么天雷地火的一见钟情，夏洛蒂早已耳闻了科林斯的虚荣、无趣与急躁。

她甚至明确地知道他并不爱她，就连急切地向她求婚，都像是对伊丽莎白的报复。

而夏洛蒂嫁给他的理由也很简单：她不漂亮，家底又不丰厚，如今已经二十七岁了，还没有找到如意郎君。

在那个时代里，女人唯一的出路就是结婚，而一个“大龄剩女”迟迟不嫁，关系到的不仅仅是自己，还会影响姐妹们的社交乃至兄弟们的前程。

说夏洛蒂是“逃”进那场婚姻也不为过，我曾经一度为她惋惜。

为什么就不能勇敢一点儿呢？为什么就不能决绝一点儿呢？

为什么偏偏是她，那么聪明、那么理智，最终却要走向这样一个平庸的，甚至带点儿自暴自弃的结局。

我也是在多年以后才读懂了夏洛蒂。

是的，她选择了一场没有爱的婚姻，但生活中除了爱，还可以有很多很多东西。

那个时代的女人无法外出工作，她就把全部精力倾注于自己的生活中。她亲手设计屋子的格局，打理庭院里的花花草草，一砖一石一草一木，都是她的平静。

她也不是逆来顺受地接受了这样的生活，伊丽莎白来她家里做客时，就发现了她的小心思：

夏洛蒂特意将餐厅和起居室分开，餐厅挡在起居室外面，让起居室显得又暗又狭小，让科林斯不耐烦常常待在那里，因而得以偷到一段平静的独处。

她要的不是陪伴，更不是卿卿我我、你侬我侬，在婚姻这个避风港里，她想要的始终只有宁静。

而她得到了。

我想，在无数个下午，他在书房写信，或者在花园里耕作时，她在起居室里捧一本书或是绣一方手帕时，她脸上带着的，一定是那种让伊丽莎白百思不得其解的欢悦的神气。

此时情绪此时天，无事小神仙。

她从来都知道自己要的是什么，也知道生活并不完美，因而心平气和地接受了不完美的一切，并竭尽全力地，按照自己要的样子生活。

求仁得仁，她从来不贪心。

对于既没有那么多资本去傲慢，又往往缺少可偏见对象的普通人来讲，我们日常要面对的，其实正是夏洛蒂拿到的那道题：

过不上理想的生活时，如何让生活变得理想一点儿?

我们有理由相信，在夏洛蒂的十几二十岁，她也一定幻想过被轰轰烈烈地追求，在舞会上吸引所有人的眼光，被偏爱、被惦念、被从天而降的白马王子当成心头一点朱砂痣，过上衣香鬓影的贵族生活。

每个人都有做梦的权利，但也要有面对美梦破碎的勇气。

有些人将错就错，放任自己的一生在无数错误的累积中沦落为一场恶性循环，再无回天之力。

有些人自暴自弃，任由荒芜和乖戾上脸，从内到外都枯索无趣。

有些人拼命地否定自己，挖空心思地想要变一副模样，表演另一副性情。

但夏洛蒂不是，她知道梦碎了就是碎了，而生活还要继续，不抱怨，不后悔，不一步一回望，任何烦恼最终都指向自身。

最想要的得不到，那么其次想要的是什么?

我该如何得到它，我该如何驾驭它?

我还能做些什么，来改变我的生活?

生活从没有绝境，在外界全不可控的时候，人唯一能依靠的只有自己。这才是没有金手指的普通女孩最该明白的道理。

《金粉世家》

那些嫁给爱情的女人，后来都怎么样了

张恨水

最近在读张恨水的《金粉世家》，原著小说和电视剧差距挺大。

不变的主线是金燕西和冷清秋的爱情，从相遇相知到秋扇见捐，一年不到，就从佳偶成了怨侣。

没有电视剧里百合花求婚和学校里挂横幅的桥段，金燕西的追求依然不可谓不热烈，费尽心思租了清秋家隔壁的房子，跟清秋的舅舅刻意结交，又一趟趟地送礼，从绸缎到坤鞋，到昂贵的珍珠项链，大把砸钱毫不手软。

肯用心的富家少爷，对于家境贫寒的女子向来都有着致命的吸引力，她缺什么，他就送什么，而她接受的越多，也就缺得越多。

更何况他也不仅仅是砸钱送礼，为了给清秋写信，最坐不住的金燕西把自己关在房子里整整一天，翻着《辞源》一句句地查了几十回，只图找出最合适的措辞，给她留个“有文化”的好印象。

无论清秋说什么，他总是应和的，小有分歧也常常以燕西的“一笑”和“哄着她”为结局。

肯花钱，肯花时间，肯花耐心，在她来不及弄清他是不是个值得爱的人之前，他就已经以攻城略地的姿态成了她生命中不可或缺的一部分。

于是情缘暗结，于是奉子成婚，于是嫁进豪门。

冲破了一切障碍终于走到了一起，但往往是走到一起之后，矛盾才开始浮现。

小说里的白秀珠并不是电视剧里动辄垂泪寻死的痴情娇小姐，在燕西和清秋新婚后，她为了避嫌甚至连金宅都不肯再去，哪怕后来跟燕西恢复往来，白秀珠满脑子想的也是“不能输”，而不是“我爱他”。

没有情敌，没有白家兄妹联手导演的政治上位和爱情复仇的大戏，他们的爱情像一朵花，都用不着外力逼迫，花期一过就萎谢凋零。

没有白秀珠，还有白莲花、白玉花，燕西身边从来不缺少女朋友，唯一的区别只在于，他愿意把精力和时间花在谁身上而已。

能一掷千金送清秋珍珠项链，就能带着白莲花、白玉花姐妹逛绸缎店，逛洋行。

能在中秋节晚溜出家门陪清秋赏月，就能在服丧期间去给二白姐妹的新戏捧场。

多情的人最无情，清秋在最后的决裂书中也写得一针见血：

西楼一火，劳燕遂分，别来想无恙也。秋此次不辞而别，他人必均骇然，而先生又必独欣然。

爱她，很用心很动情地爱过她。

但他给过她的一切，也可以眼都不眨地转头去给别人。

女人最大的悲哀之一是，当男人说“我爱你”的时候，他说的是“爱”，而她只听见了“我”。

我想起前段时间具惠善手撕安宰贤的八卦情史。

具惠善也是嫁给爱情的女人，情话可以说谎，但眼神中的热切和向往无法骗人，“他的眼神似乎要把我看穿”打动了具惠善，她在综艺上说：“姐姐我三十四岁了，做什么都不会动心了，让我最后心动的，只有你。”

甜也是真的甜过，但也不过短短三年，就成了如今这般局面。

“他好像只是短暂地爱了我一下。”

“我是住在家里的幽灵，你曾经那么爱过的女人变成了僵尸，现在也是。”

我看着《金粉世家》的时候忍不住想：当冷清秋被金燕西逼到心灰意冷，把自己锁在楼下的小房间吃着粗茶淡饭，穿着自己从娘家带来的粗布衣服，在火场中抱着孩子独自离开时，是不是也这样想过。

“士之耽兮，犹可说也。女之耽兮，不可说也！”

今年重读了一遍《安娜·卡列尼娜》，在那时的俄罗斯，安娜就是个一心要“嫁给爱情”的女人。

她的丈夫卡列宁不善言辞也不解风情，给不了她渴望的甜言蜜语，也理解不了她想要的那种略带叛逆的真实。

在一次旅途中，安娜认识了年轻的伯爵沃伦斯基，两人都认定彼此是自己这一生的灵魂伴侣。安娜为了沃伦斯基抛夫弃子，不惜自毁名誉和他私奔，而沃伦斯基也用事业和社交上的牺牲，带她远走高飞来回报这份爱情。

她终于跟自己深爱的人在一起了，可还是会吵架，还是会被误解，还是会孤单，还是不得不应付她最厌恶的名利场。

十年之后，我才读懂了安娜在铁路边的纵身一跃。

《安娜·卡列尼娜》当然不是在讲一个不知检点的出轨妇人被情夫伤害，最后羞愤交加选择卧轨而死的故事，它讲的是一个女人在拥有了真爱之后的彻底绝望。

如果没有体验过这样的爱，她还可以安慰自己“我就是没有找对人，我的丈夫就是这样不解风情”。

可她遇到了沃伦斯基，她百分百地投入了，也知道对方全然地投入了，即使是这样的爱，也无法让人满意，也无法支撑起生活本身，也一样会破灭。

她找到真爱了，她跟自己真爱的人在一起了，但也不过如此。

爱无法救赎生活，相反，它往往是压倒生活的最后一根稻草。

这才是最真实也最冰冷的绝望。

二十出头的时候，我以为“嫁给爱情”是人间最美好的祝福，后来才慢慢发现，爱情本身才最不值得托付。

聪慧如林徽因，大概是早早想通这一点，才会拒绝徐志摩的追求，嫁给了跟自己门当户对、知根知底的梁思成。

激情易逝，心动难长。

能战胜生活的从来都不是浪漫的粉红泡泡，而是两个人的眼界、认知、性格、人品。

爱情只该是人生的一个部分，别本末倒置。

《包法利夫人》

［英］福楼拜

总是对自己的生活不满意，可能是一件很可怕的事情

你有没有见过这样的女生？

她出身普通，不是寒门，但也不是千金小姐。家人竭尽全力把她早早送进了贵族学校，希望给她最好的教育。

学校除了给她知识，还给了她浪漫的启蒙，就当她毕业的时候，有个“差不多先生”开始追求她。

她不爱他，但也算不上讨厌，但她的家里出了意外，处处要用钱，她原本美好的规划也一一泡了汤，每天只好百无聊赖地待在家里。

她迫切地想要摆脱这样的处境，正好父亲看中“差不多先生”不计较嫁妆，也同意尽快将她嫁过去。

“差不多先生”对她挺好，他带她度蜜月，认认真真地听她弹琴，

看她作画，每天都早早下班陪她，甚至为了她顶撞自己的母亲。

但也只限于挺好，“差不多先生”学识平平、见解庸俗，毫无幽默感和好奇心。品味更是土得够呛，连事业心也没有几分，自从娶了她之后，每天就只想着“老婆孩子热炕头”。

她曾经试图改变这日复一日的枯燥无味，比如给袍子换一道压边，或者给简单的菜肴取一个动听的名字。也试着帮丈夫做点儿事情，或是读书、弹琴。

但这些单方面的努力怎么敌得过那些遮天蔽日的寂寞与无聊呢？她原本有滋有味的“过日子”终于变成了度日如年的熬。

她不甘心，怎么能甘心呢？她会跳舞、会画画、能弹琴、懂地理，甚至会刺绣，她的身材样貌不输任何一个同龄人，可为什么偏偏是她的婚姻如同囚笼？

她曾经对未来充满了期待，这种一眼能望到头的日子让她无法忍受，也让她迫切地想要做点儿什么，来打破这枯索的荒芜。

不甘心，想进取，有勇气也有行动力，听上去像是我们最求而不得的优点，如果她的人生停在这里，她大概可以成为很多女孩的楷模。

可故事远远没有结束。

她出轨，放任自己被最拙劣的花言巧语俘获。她借高利贷，哪怕明知道拆东墙补西墙也要疯狂购物。她撒谎成性，就连“走了哪条路回家”这种小事也不说实话。她用一个虚构的世界跟整个现实对抗。

她就是福楼拜笔下的包法利夫人，小说的最后，她的绮梦破碎，东窗事发，而她在绝望中吞下了砒霜。

这看上去不过是一个女人终究被虚荣心毁灭的故事，但《包法利夫人》出版之后，很多女性读者都给出版社写信，说：“我认得包法利夫人，我爱她，她像是我的亲密朋友。”

连作者福楼拜在接受采访的时候也说：“人人都是包法利夫人，包法利夫人就是我。”

谁不是她呢？

生活在闭塞落后的十八线小城，生活枯燥得如同一潭死水，嫁给了一个并不十分满意的人，眼睁睁地看着梦中的星辰大海越来越遥不可及。

做梦都想要更好的生活呵。

像她一样，买最时尚的杂志，对各种新潮的时装了如指掌。买一张巴黎地图，在地图上移动着手指，想象自己走到了哪条街道的交会处，想象黑夜里的车水马龙将戏院的柱廊点亮。

谁不是她呢？

心心念念想拥有一个名牌包、口红、潮牌，想要香车宝马，要大房子，和很多很多钱。

这种不满足的状态，常常会被误读为“野心”，让人哪怕觉得不对也不忍苛责。

全世界都在告诉女孩们“要有野心”，却忘了野心和虚荣心，常常只有一线之隔。

当一个人总是对生活不满意，但又不知道如何走向理想的生活时，这种状态其实是很危险的。

很多的荒唐都会借由这种不满足疯狂蔓延，以星火燎原之势，将一个人最后的理智和尊严吞没。

潘金莲不是吗？

她如果真是随遇而安的女人，何必要在做使女被男主人调戏时跑去状告主母，在那个时代，做妾做外室本来就是女人常见的出路。

她的不甘心让她不肯做妾，她的不甘心，也让她无法安于跟又丑又屃的武大凑合一生。

她被她的不甘心和不满意裹挟着，一步步乱了方寸，上了王婆的当，半推半就与西门庆苟合。后来谋杀亲夫，以无可挽回之势走向自己的末日。

那些宁愿借裸贷也要超前消费的女孩不是吗？

她们不甘心，谁不想要漂亮的衣服、新款的手机，谁不想要走在人群中收获其他人的赞扬和羡慕的目光呢？

但钱从哪里来？做兼职那点儿微乎其微的收入跟买奢侈品需要的花费比起来不过九牛一毛，父母也不过是普通的工薪族，她们怎么好意思一次次伸手要钱？

于是从借一点儿到慢慢出卖自己，一步步走向不见底的深渊。

她们的初心，也不过是“过上好一点儿的生活”而已。

这或许就是福楼拜说“人人都是包法利夫人”的原因吧。

她不是爱玛，不是潘金莲。

她不是任何一个有具体姓名的人。

她只是我们每个人生活中无从安放，却又不知道如何排解的“不甘心”。

《了不起的盖茨比》

[美]菲茨杰拉德

富家女不嫁穷小子，或许跟钱没关系

周末又看了一遍电影版《了不起的盖茨比》。到了结尾的部分，弹幕里齐刷刷地在骂女主角黛西。

黛西是富家千金，年少时跟盖茨比有过一段情缘，后来嫁给了贵族后裔汤姆。婚后，盖茨比忽然携带巨额的财富从天而降，费尽心思要跟黛西再续前缘。

为了吸引黛西的注意，盖茨比一掷千金，在自己家举办了一场又一场盛大的宴会，百般讨好黛西的表哥和朋友，用他极尽奢华的家私和多年不变的一往情深，又一次俘获了黛西的心。

就在盖茨比拉着黛西去跟汤姆摊牌时，黛西忽然退缩了，她情绪激动地开车离开，却阴差阳错地撞死了汤姆的情妇。

坐在副驾驶位的盖茨比决定替黛西顶罪，她仓皇跑回家，盖茨比担心她被丈夫刁难，在树丛下偷偷守护了她一晚，她却在屋里跟汤姆达成了“甩锅”的密谋。

盖茨比死于枪口下的时候还在心心念念等黛西的电话，可黛西早已经收拾好了东西，像没事人一样地跟着汤姆出去旅行。无数为盖茨比的深情倾倒的女孩，大呼她是“渣女”。

跟我一起看电影的小姐妹也感慨，黛西真是瞎了眼，这么好的盖茨比她不爱，偏偏要回到那个她生孩子时都不在身边陪她，明目张胆出轨的丈夫身边。

不就是出身不够高贵吗，难道阶级差异，真的是富家女黛西看不上穷小子盖茨比的原因吗？

我在第二遍看完电影之后，忽然想到了另一种可能。

盖茨比重新出现之后，黛西其实也是动过情的。如果压根儿不爱，也不会舍得抛却一身荣华富贵，要求盖茨带她私奔。

对于黛西这样，勇气如同烛火一般摇摇晃晃的人，趁着她在勇气上头的一瞬间迈出第一步，那种马入夹道难回头的压力，也许能逼着她一步步地把这条路走完。

那样的得到是占有，可盖茨比偏偏要爱，他舍不得让她以这种不体面的方式留在自己身边，于是坚持要带黛西去找汤姆摊牌。

说清楚，断干净，体体面面地远走他乡重新开始，这才是盖茨比为这份爱情勾画的未来。

听起来多么深情，可他从来没有想过黛西愿不愿意。

黛西不是个勇敢清醒的人，从来都不是。对于她这种从小长在温室里，从没见过什么人间疾苦，也不知道世事险恶，像小雏菊一样软弱无害的女孩子来讲，让她面对面跟汤姆摊牌，本身就带给了她巨大的心理压力。

一个生性软弱的人，不会因为被一个有勇气的人爱上就忽然变得果决，所以她才宁可提出跟盖茨比私奔，也不肯对汤姆说一句“我从来没有爱过你”。

可盖茨比不懂，他只是握着黛西的肩膀，一遍遍逼着她对汤姆说“我从来没有爱过你”。

这也不是盖茨比第一次用一个人的想法来处理两个人的关系。

早在他们年少的时候，盖茨比就在跟黛西卿卿我我几个月之后忽然消失。读者和观众都知道，他是自惭形秽，生怕配不上黛西，所以去拼命地赚钱。

可黛西并不知道他的想法，况且盖茨比消失的时间并不短，那是整整五年。

五年杳无音信，就算是你我这样的普通人怕也没了耐心，更何况是黛西这种货真价实的人间富贵花，她活在纸醉金迷里，身边从来不乏追求者。

这就是盖茨比有限的格局，因为缺钱，也就短视到只能看到钱，误以为只要有钱就能解决一切问题。

想起之前不知道在哪儿看过的一个帖子，发帖人是个男孩。他说自己准备接受公司五年的外派，攒一点儿钱回来再结婚，可女朋友在第三年的时候跟他分了手。

原因大概是年龄不小了等不起了，再加上他一意孤行地出国，让她觉得自己一点儿也不重要。

那男孩的帖子里百般委屈："我还不是为了给她更好的生活吗？我还不是不想让她吃苦吗？她根本就不懂没钱的生活有多难过。"

下面的第一条回复是："她是不懂生活，可你也不懂她。"

盖茨比又有多懂黛西呢？

他连试探都没试探过，就本能地觉得她会嫌弃他的出身，自己只有挣到了钱才有追求她的资格。

可她到底怎么想、要什么、愿不愿意，他从来都没问过。

"我爱你"是一个人的事，可爱情归根到底是两个人的对手戏。哪怕其中一个再差劲，也要两个人彼此配合，互相沟通才能演得下去。

抛却有钱没钱这一点，有哪个女孩能安心把自己的终身托付给一个连招呼都不打就失踪了五年的男人呢？

当汤姆揭穿了盖茨比虚构的身世，盖茨比恼羞成怒想要打汤姆的时候，黛西一下就慌了神，她吓得哭了，语无伦次地求汤姆带自己回家。

是盖茨比带她来跟汤姆摊牌的，可惊慌失措时，她的本能是向汤姆求助。

有人认为黛西的反应是因为揭穿了盖茨比的谎言，知道了他的钱来路不正，没上过牛津，不是跟自己一样根正苗红的贵族之后的嫌弃。

我却觉得，黛西的反应只是纯情绪性的，发怒的盖茨比让她想起了面前这个人有可能的失控，他的捉摸不定才是她最害怕的事情。

相比之下汤姆就不会，他出轨再明目张胆，也不允许他的情妇提一句黛西的名字，他嫁祸的主意再卑鄙，也不可能抛下黛西一个人离去。

当然不是因为汤姆比盖茨比更爱黛西，只不过黛西和汤姆的婚姻的背后是两个名门望族的结合，除了爱情之外，财富、名声和关系通通都是要考虑的事。

而一个吊诡的事实在于，一段婚姻的社会化程度越高，稳定性也就越强。

管它是不是爱呢，至少能让她从家庭的保护壳平稳过渡到社会的保护壳里，继续为她遮风挡雨，让她可以继续做个“快乐的小傻瓜”。

这种四平八稳的生活才是黛西这样的女孩离不开的氧气，而盖茨比能提供爱，能提供激情，偏偏最给不起这样的东西。

不仅给不了，他还要打破，要逼着她把自己的过往全部推翻，这才有了她对着盖茨比哭喊的那句“你想要的太多了”。

满满当当的爱，本身就是一个太过沉重的负担。

而黛西这样轻飘飘的人，注定承受不起。

我有时候在想，盖茨比的爱情或许也不是完全没有出路。

如果他能坦诚一点儿，堂堂正正地出现在她身边，而不是编造一个又一个谎话；

如果他能耐心一点儿，从朋友开始做起，给她足够的时间培养勇气，慢慢看清；

如果他能温和一点儿，平心静气接受黛西爱过他也爱过汤姆的事实。

这一切或许会有个不同的结局，对于黛西这样的女孩，逼她是没用的，最有用的其实是最简单的一招——走在她旁边，直到她主动来找你。

黛西没有跟盖茨比在一起，或许无关财富也无关阶级。

不过是她不懂生活，而他不懂她而已。

绝大多数因为人际关系烦恼的人，都得到过这样一句回复——你别理他们就行了。

有人诋毁你，那是他们羡慕嫉妒恨，你不用放在心上。

有人嘲笑你，那是他们素质不高，你别跟他们计较。

被孤立了，但孤立你的那群人你本来也不想结交，一个人正好。

类似的话你听过一遍又一遍，也跟自己说过无数次，但道理都懂，就是做不到。

为什么会这样呢？来看看脑神经科学家需要核实的一个实验。

这个实验叫作需要核实，当一位志愿者前来参加实验时，主试会告诉他需要稍等几分钟。等待室里已经有两个“托儿”坐在那里假装成志愿者。当真正的“被试人”走进等待室时，需要核实实验就开始了。

其中一个“托儿”假装发现了一个网球，并把它扔给了另一个“托儿”，然后第二个“托儿”又把球扔给志愿者。

玩了几分钟之后，两个“托儿”忽然就不再把球传给他了，只是一味地互相扔球。

怎么样？像不像其他人在说笑，而你完全插不上嘴的场景？像不像你某天忽然走进宿舍，发现大家看你的眼神都怪怪的，而你压根儿不知道自己做错了什么？

在需要核实的实验里，他让志愿者躺在功能性核磁共振成像扫描仪里，在网络上跟两个“托儿”一起玩需要核实游戏，同时对他的大脑进行扫描，有意思的事出现了。

每当两个“托儿”甩开志愿者玩的时候，志愿者的大脑中有个叫作“背侧前扣带皮层”的部分就会异常活跃。

你可以把这个脑区理解为感知痛苦的“触角”，当你不小心被划破了手，或者在跑步时崴了脚，这个脑区都会活跃起来。

这项实验的成果震惊了心理学界，我们的大脑在面对社交排斥时，居然会感受到如此真实的痛苦。

正如你无法在割了手时告诉自己“不疼”来止住生理疼痛，你也无法通过跟自己说“别理他们”而摆脱社交痛苦。

更有意思的是，即使明确告诉志愿者，跟他一起玩的不过是两台计算机，在游戏中排斥他也不过是事先写好的程序，他的背侧前扣带皮层依然会不受控制地活跃起来。

这就是为什么你明明觉得自己不在乎某些人，依然会因为他们的反对或孤立而痛苦。

要说“做自己”的极致代表，没人赢得过《局外人》里的默尔索。

默尔索是一个三十多岁的未婚男人，一天，养老院发来电报通知他，他唯一的亲人——妈妈去世了。他前去奔丧，满脑子想的却是“我用这个理由跟老板请假，他会不会不相信”。

在守灵的时候，他就开始抽烟、喝咖啡、跟人聊天。参加完葬礼的第二天，他就跟新交的女友一起游泳，上床，看喜剧电影。

后来，默尔索阴差阳错地杀了人，入狱之后，他的辩护律师来看他，想让他对在母亲葬礼上无动于衷的表现做出一番通人情的解释，因为这会成为法庭量刑的一条重要依据。

生死攸关，默尔索依然坚持自我，对律师教给他的那套说辞不屑一顾。

临刑前的关押时间里，他屡次拒绝接见神父，他觉得自己犯了罪自然要付出代价，但别人无权要求他更多的东西。

最后，默尔索坦然地走向了断头台。

不表演，不屈从，不改初心，不因为别人的看法和意见人云亦云，也能坦然接受一切代价。这不就是我们每个人都向往的“做自己”吗？

当我试图从《局外人》中找出一点儿因为坚守自我而获得的快乐

或者幸福的线索时，却发现什么也没有。

他甚至连安宁都不曾拥有，整整一本书里，出现频率最高的情绪是“厌恶”“烦躁”“无聊”“痛苦”“筋疲力尽”，以及在最后一次庭审上，因为评审团鄙夷的目光，而感到“一种愚蠢的想哭的冲动”。

说好的做自己就能幸福呢？

我们跟世界的交手从来都不是平等的。

它可以不在乎你的轻蔑和挑衅，你却无法忍受它的压迫与疏离。

马修·利伯曼在《社交天性》中写到这样一句话：

人的自我更像是一条畅通无阻的“高速公路”，而不是我们曾经认为的坚不可摧的“私人堡垒”。我们拥有的这个被社会塑造的自我意识，离开了社会，自我也就成了不存在的概念。

很有意思吧？

我们一直以为“自我”是与生俱来的，原本就在那里等着我们劈波斩浪去找回来的东西，其实并不然。

我们的自我意识是由生活中的其他人构建出来的，它所服务的对象首先是其他人，其次才是我们自己。

这也就是为什么你什么也不做的时候并不会快乐，反而会觉得非常空虚和焦虑。

我们每个人的自我，其实都是被很多个“其他人”填满的，有亲人，有同事，有朋友也有竞争对手。我们在这些人面前扮演的角色像是一块块拼图，都凑齐了才能拼出一个完整的自我。

这也是我非常喜欢马修·利伯曼的另一段话的原因。

虽然每个人都会经历特别以自我为中心的时期，但是大多数人最终都会拥有这样一种身份认同，它以我们与周围人的关系为核心，同时也让我们去关注各种与我们有联系的群体组织。

只有在我们不再从我们的“独一无二性”去界定自己，并且接受一个更加平衡、稳定的社会身份之后，我们才会觉得，自己终于变成了那个本来打算成为的人。

《红玫瑰与白玫瑰》

理智者得世界，敢爱者成神

张爱玲

我第一次翻开张爱玲的《红玫瑰与白玫瑰》，还是在上大学时，从图书馆借来的书。

那时候互联网还没发明出“渣男”这个名词，但依然不妨碍女孩们在书里各个隐秘的角落“花式”留言骂男主振保，好像不留下这么一两句，就无法抒发她们内心的遗憾与愤恨。

“渣”是真的“渣”，振保身上光是打眼能看到的罪状就包括且不限于“勾引有夫之妇”“始乱终弃”“婚后拈花惹草”，以及最让人痛恨的“冷暴力”。

更别说还有那句可供所有人理直气壮“凭吊”前任的“玫瑰语录”：

也许每一个男子全都有过这样的两个女人，至少两个。娶了红玫瑰，久而久之，红的变了墙上的一抹蚊子血，白的还是“床前明月光”；娶了白玫瑰，白的便是衣服上沾的一粒饭粘子，红的却是心口上一颗朱砂痣。

前几天出差的时候，在高铁上用了整整两个半小时听一位女友讲她恋爱的始末。

甜是真的甜过，可在他心心念念的那张出国外派的录用通知面前，也算不得什么。

外派五年，等他回来她早已突破了三十大关，可她刚刚吼了一句“这么大的事你都不跟我商量一下，你心里到底有没有我”时，他在电话那头飞快地给出了对策。

连节奏和语气都像是早早准备过，带着三分抱歉两分遗憾和五分薄凉：“是我对不起你，我不想耽误你，也不奢望你会等我，你这么好的女孩，肯定能遇到比我更好的人。”

而被分手之后的她，也不能免俗地陷入了“我到底哪点儿不够好”和“我再也不相信爱情了”的自责和怨愤。

我跟她有一搭没一搭地聊着微信，忽然想起了小说里的王娇蕊，即小说里的“红玫瑰”。

王娇蕊遇到振保的时候，身份是他朋友王士洪的夫人。

振保和弟弟租了王士洪家的一间房，住了没多久，王士洪就要出个长差。因为振保上学时“坐怀不乱”的好口碑，王士洪安心地嘱咐娇蕊和振保“彼此照应”。

士洪前脚走，王娇蕊次日就开始发动对振保的攻击。

其实也算不上是完全意义上的主动，一团孩子气的王娇蕊，不过是带着几分好奇想要捅破振保心中的那层窗户纸，来证明自己的美丽。

其实早在见她的第一眼，他的心就已经动了。

她洗头发的泡沫溅到他手背，他“舍不得擦，由它自己干了，那一块皮肤上便有一种紧缩的感觉，像有张嘴轻轻吸着它似的”。

她吹头发时掉在地上的长发，被他偷偷拾起放进自己的口袋，想想觉得不妥，又拿出来丢进痰盂。

而像王娇蕊这样一直很美，也一直享受被很多人追求的女人，最擅长的就是读懂男人脸上欲望与克制的矛盾。

她比他更懂他自己，一句“你处处克扣你自己，其实你同我一样的是一个贪玩好吃的人”，就破了振保那副柳下惠的面具。

他英俊有为，是值得被高看一眼的青年才俊，而她是个貌美且贪心，总想要得到更多爱的女人。一切情意的发展都顺理成章，她爱上了他，从身体到灵魂。

开始时不过是逢场作戏，可看到后来，王娇蕊脸上那一抹“柔情中带着轻微嘲笑，嘲笑他，也嘲笑自己”的神情，我觉得王娇蕊是真的动了心。

她这样惯常恃美行凶的女人，若不是真的爱上了，怎么会有担忧与自卑。

她一贯把自己的心比作有很多个房间的公寓，可跟他在一起之后，却为了一句“可是我住不惯公寓房子。我要住单幢的”，断了跟其他异性的往来，独独为他空出一间心房。

她也是真的想过要跟他在一起的，可当她迫不及待地给王士洪寄了航空信坦白一切，以为终于能以自由之身和他在一起时，振保听说之后的反应却是立刻逃走，甚至吓得生了病。

她在医院里陪了他三天，得到的却只有他慌张的推托："娇蕊，你要是爱我的，就不能不替我着想……社会上是决不肯原谅我的，士洪到底是我的朋友……"

"以前是我的错，我对不起你。可是现在，不告诉我就写信告诉他，都是你的错了……"

"娇蕊，等他来了，你就说是同他闹着玩的，不过是哄他早点儿回来，他肯相信的……"

他怎么敢接下她的爱呢？

别说王娇蕊是朋友妻，就算她还云英未嫁，他一样不会娶。

因为"娇蕊精神上还发育未完全"，她不够理智不够稳重也不会持家，这样的女人是个拖累，若是成天同她吵吵闹闹呢，也不是个事，把男人的志气都磨尽了。

振保不是王士洪那种有资产有家底，能陪着她折腾的富二代。

他本来就是苦孩子出身，全靠自己挣命才能出国留学，拼命地打零工赚学费，好不容易才有了今天的一切。

他一步也错不得，也不敢分神，必须全心全意向前向上，才能站得稳脚跟。

我不是在为振保的始乱终弃开脱，只是觉得他所面临的困境，像极了现在的很多人。

有次跟一个在互联网公司打拼的朋友约饭，他之前被一个女孩火热地追求，自己却始终是一副淡淡的样子。女孩坚持了两年多，终于偃旗息鼓。我打趣他："不可惜吗？如果你当年跟她在一起，现在孩子都会走路了。"

"哪儿敢啊，"他苦笑一声摇摇头，"在大城市活着太累了，不想再在恋爱上耗时间花精力了。"

"万一我要加班她要我接她下班，万一我要开会她拼命打电话，万一我要做方案她要聊心事。"

"想想都觉得累，还是一个人轻松。像我们这样的人，哪儿敢在事业的上升期谈爱情。"

爱情是奢侈品，钱才是刚需。

为难是真的，苦衷是真的，可抛弃也是真的。

小说《冷血》的作者卡波特年轻时在上流社交圈各种拈花惹草，后来患上了严重的抑郁症。有记者采访他，问："在你的人生中，爱不是一件好事吗？不是意味着一切吗？"

卡波特回答："是啊，问题是你得一直找它，没完没了地找啊。"

甜蜜和默契只是爱情里最外层的光圈，被这个光圈诱惑着伸出手的人，也就不可避免地要承担它燃烧殆尽之后满地尖锐烫手的残骸与真相。

很多人被这样的残骸伤过一次，就像患了创伤后应激障碍一样对爱情死了心。

但王娇蕊不是，她再次跟振保重逢的时候，是很多年之后。

振保果然成了骨干，马上就要坐上副总裁的职位，也早已娶了看上去更适合他的“白玫瑰”，有了房子车子，有了儿女，是世俗意义上的美满与双全。

而她老了，也胖了，她离了婚，又再嫁了一次。当振保问她“你好吗”的时候，她说了这样的一段话：“是从你起，我才学会了，怎样，爱，认真的……爱到底是好的，虽然吃了苦，以后还是要爱的……”

我每每看到这里，都忍不住在心里为王娇蕊叫声好。

她还是那个在振保说完“你要是爱我的，就不能不替我着想”后，一句话没说一滴眼泪没掉就从他身边彻底消失的王娇蕊。

没有变成曹七巧那样怨毒阴暗的女人，也没有像白流苏一样，根本顾不上爱不爱，只想赶紧抓个人让自己终身有托。

她爱过了，不后悔，她还要爱，不死心。她握过那些烫人的、锋利的残渣，然后又把它轻轻放下了。

这样的赤诚和勇敢，让她成了爱情里的一尊神，以至于振保刚想要强装镇定开口，就泪流满面、泣不成声。

也不解气吧，但这对于一个女人来讲，就是很好很好的结局。正如她自己说的那样：“年纪轻、长得好看的时候，大约无论到社会上去做什么事，碰到的总是男人。可是到后来，除了男人之外总还有别的……总还有别的……”

爱过，拥有过，勇敢过，活过。

他辜负了她，可她没有辜负自己，他得到了圆满，而她成为了幸福。

《第一炉香》张爱玲

拮据又美貌的女孩，如何避免陷入葛薇龙式的『捞女』命运

最近在看张爱玲的作品，跟朋友聊起《第一炉香》里的葛薇龙，清醒着走向堕落的葛薇龙，几乎是大多数影视剧里，貌美但拮据的那类女孩的缩影。

因为美，生活中难免会有各种普通人遇不到的、包装成机遇的陷阱。

又因为手头拮据，面对局外人一眼看穿的诱饵，总是毫无抵抗之力。

这样的女孩远不止葛薇龙一个，《蒂芙尼的早餐》里的霍莉，《蜗居》里的郭海藻，就连《金粉世家》里的冷清秋，滤镜在原著小说里也稀碎一地。

葛薇龙做了交际花，霍莉贩毒，海藻成了小三，冷清秋背着父母跟金燕西未婚先孕，赶着嫁进金家，还不到一年就落得个秋扇见捐的惨淡光景。

最初的时候，打动她们的不过是一柜子华丽的衣裳、一张支票、一部新手机、一串昂贵的珍珠项链。

看上去温和且无害，可欲望的大口一旦张开，它就永远会想要更多。

像是张恨水笔下，冷清秋收到金燕西送的珍珠项链时复杂的内心。

不比一双鞋子和一匹绸缎，她当然知道那样贵重的珍珠项链意味着什么。母亲也劝她不要收，可她鞋子也有了，衣服也做了，少的就是一件拿得出手的首饰，心心念念想要的东西从天而降，哪里舍得真的退回去。

也像是《蜗居》里，海藻第一次向宋思明借钱时交织的为难和侥幸。

她想尽办法也拿不出的两万块钱，宋思明眼也不眨地就给了她，她要打拼好几个月才能攒下的那笔钱，对他来讲不过是可以举手就成全的人情。

那是她们向往，但凭自己的能力无论如何都达不到的生活。

美貌是她们最好的武器，而唯一的战场，就是男人的心。

于是她们说服自己把假意当成真情，享受着丰盛和华美，也在自欺欺人中越陷越深。

但这也并不是简单的“虚荣”二字可以概括的心态。财富与权势本身就像是巨大的黑洞，太多人都明知它危险，依然身不由己地向它靠近。

上大学的时候，班里有个很好看的姑娘。

五官真的是美，但打扮也的确是土，从一个小县城考到大城市的她，像是一朵未经雕琢也不染风霜的莲。

虽然不是大户人家，但家境也尚可，父母都是老师，环境简单收入稳定。她自己成绩不错，一向真能拿到奖学金。加上做家教、做翻译的收入，她手头并不算紧。

可她依然是之前那副打扮，很少逛街买衣服，全身上下没有任何首饰，一瓶二十多元的洗面奶能用一个学期，扎马尾的头绳磨出了毛也不扔。

被人问起的时候，总是羞涩一笑低了头：“我妈说女孩子要朴素一点儿。”

在女孩子们争相变美变洋气的年纪里，她像是个异类，格格不入。

就是这样的她，到了大三像是忽然换了一个人。换了发型，穿的衣服上印着大大的品牌徽标，桌上的化妆品也变成了全套的大牌。

送她来的男人开的是一辆宝马，他走下车跟她告别的时候，差点儿有实诚的女同学喊了“叔叔”，而她半带骄傲半带羞涩地给我们介绍：“这是我男朋友，改天让他请大家吃饭。”

据说那男人大她近二十岁，据说他是她暑期实习时的上司，据说他女儿已经上小学了。

但据说都只是据说，她那时已经不大来学校了，没有机会跟她求证。

我最后一次见到她是在领毕业证的时候，她远远地站在队伍之外，一边打着电话一边在哭，后来我知道她并没有拿到毕业证，她旷了近两年的课，连补考都很难。

再后来我们都毕业、工作，慢慢有能力买得起品牌衣服、车子，偶尔买一件心仪已久的奢侈品时，我还是会偶尔想起她。

我们不年轻了，他还爱她吗？

行业洗了无数次牌，他还能给她提供那样优渥的生活吗？

连毕业证都没有的她，能找到合适的工作吗？

感慨之外更多的还是惋惜。

她所想要的一切并不是她完全够不着的，她本没有学费生活费上的压力，攒上一笔家教的费用，去给自己买一只眼影、一件中等品牌的裙子，也不是没有指望。

她只是被自己一直躲着的东西吃掉了而已。因为从来都没有满足过自己，别人给的一颗糖，就被当成了举世无双的甜。

从小被教导着“虚荣是不好的，繁华是危险的”，可人性就是这样，越是危险的东西，就越是忍不住想去玩火。

压抑得越狠，了解得越少，越容易被欲望的旋涡吞没。那些给予太过新奇又太过绚丽，几乎是以一种压倒的姿态打击一个人的理智。

从这个意义上讲，抵御诱惑最好的方法，并不是一味远离诱惑，而是允许自己适当地暴露在诱惑里，从而获得一种免疫。

学会驾驭自己的欲望，而不是一味地否认，回避欲望背后甜美的一面。

自己买过一件名牌衬衣，就知道所谓的大牌也不过如此。

参加过一场盛大的宴会，就发现一直穿着高跟鞋虽然很美，但脚也真的很疼。

买过闪闪发光的戒指、耳环和项链，就知道并不是所有款式都适合自己。

每一种生活都可以甜，但只有你尝过不同味道的蜜，才能坚定地选择最适合自己的那一款。

每一种生活都有代价，可不要等代价降临的时候，才知道自己交换了什么。

《第一炉香》张爱玲

被高估的爱情，被低估的人性

许鞍华执导的电影《第一炉香》最近放出了一段两分钟的预告片，不出意外地在各个平台成了大型吐槽现场。

抛开男女主角跟原著中乔琪乔和葛薇龙外形的差异不提，仅仅是旁白就让人看出一身鸡皮疙瘩。

一字一句都要往“爱”上靠，画风还尤其像青春疼痛文学，每个字看上去都唯美，但连起来读，就只剩下空泛和不知所云。

来品品这旁白：爱是燃烧而看不到的火，是疼痛而感受不到的伤。

有没有一瞬间回到“四十五度角仰望天空”的中学时光？

但这个预告片倒也让我理解了电影女主角之前那条被群嘲的微博。

电影的基调要往“爱”上靠，除了用“卑微”和“低到尘埃”来形容，好像也的确没有什么能用来形容小说中葛薇龙对乔琪乔的感情。

但《第一炉香》到底是不是个爱情故事?

刚上大学的时候读这本书，记住的只有一句“我爱你，关你什么事，千怪万怪也怪不到你身上去”。

今年重新翻了一遍这个故事，得到的却是一个压根儿与爱无关的答案。

《第一炉香》不是一本难懂的小说，女主角葛薇龙在香港念书，因为家道中落，为了继续学业不得不投靠有钱的姑妈梁太太。

梁太太是什么人?

年轻的时候与家人决裂，嫁给了一个富商做姨太太，富商死后，她靠着丰厚的遗产游走在交际圈，靠着钱和漂亮的女佣招徕一个又一个年轻男子，在半山的梁公馆里夜夜笙歌。

有多风流呢? 葛薇龙第一次去拜访，连门都还没进的时候就在寻思：“平白来搅在混水里，女孩子家，就是跳到黄河里也洗不清。”

这样的地方当然不是什么好去处，可葛薇龙毕竟太穷了啊，以至于她明明知道面前是怎样的一摊浑水，也得自欺欺人地饮鸩止渴。

梁太太答应资助葛薇龙，让她住到自己家来，但与长辈的慈爱压根儿无关。

随着年龄渐长，梁太太在风月场中越来越力不从心，她看中葛薇龙的美貌与年轻，要把她培养成交际花，再说白一点儿，她就是替自己笼络男人的一件武器。

葛薇龙对这一切心知肚明，但她告诉自己："只要我行得正，立得正，不怕她不以礼相待。外头人说闲话，尽他们说去，我念我的书。将来遇到真正喜欢我的人，自然会明白的，决不会相信那些无聊的流言。"

葛薇龙当然是聪明人，可有时候越是聪明，就越是会去计较得失，不由自主地想要抓住那些看得见摸得着的利益。

"聪明"这一特质的弊病，葛薇龙不懂，但梁太太懂。

葛薇龙入住的第一天，梁太太就为她准备了满满一橱柜的新衣。

织锦袍子，纱的、绸的、软缎的，短外套、长外套、海滩上用的披风、睡衣、浴衣、夜礼服、喝鸡尾酒的下午服、在家见客穿的半正式的晚餐服……

哪个女孩不爱这排场呢？

尤其是对于贫困但貌美的女孩来讲，这满满一柜子的华服不仅仅是享受，还带着一种对贫困生活报复性的补偿。

葛薇龙一件件试过去，又脱下来，"人也就膝盖一软，在床上坐下了"。

理智上明明知道"这跟从长三堂子买进一个人有什么分别"，但人性里那些固有的贪婪与虚荣从来就不是靠理智就能压制的东西。

从葛薇龙带着笑倒在床上，对自己悄悄说"看看也好"开始，她就开始一步步向梁太太给她的规划靠近。

但也不是无知无觉的沉沦，相反，葛薇龙比谁都清醒。

梁太太的老相好司徒协送了她一只金刚石的手镯，她立刻反应过来“像是戴上手铐一般”，到家后梁太太让她下楼喝酒，葛薇龙口里答应着，心里也似明镜，“夜深陪你们喝酒，我可没吃豹子胆！”

她借口风寒推掉了这一次，但也清楚地知道，这绝不可能是最后一次，想要摆脱这样的处境只有一种方法，就是彻底离开这里。

离开，离开，离开，说起来是这样简单的两个字，可她又怎么舍得？

她在梁太太家住了三个月，穿的是绫罗绸缎，吃的是美味珍馐，在交际场中也成了有名有姓的人，普通女孩所憧憬的一切她都有了。

可离开这里之后呢？

念完中学，甚至是上完大学，到社会上去做事，不见得是她这种“美则美矣，却没有什么特殊技能”的女孩的好出路。

一边是灰蒙蒙的看不到方向的未来，一边是握在手里的实实在在的锦衣玉食，对于葛薇龙这样只有美貌、但没有智慧也不太勇敢的女孩来讲，一点儿也不难选。

在清醒的沉沦里，葛薇龙并不恨姑妈，她有的只是不甘心。

怎么能甘心呢？那样美的脸，那样好的年华，却要交付给一场又一场的虚与委蛇。

正是那一点儿不甘心让她犹豫，反反复复地在“回上海”和“留下来”之间摇摆，只缺一个借口来说服自己。

而乔琪乔的存在，就是一个完美的借口。

换句话说，葛薇龙不是为了乔琪乔才留下的，她只是因为决定要留下，才说服自己去爱他。

一开始，葛薇龙对乔琪乔的感情不过是五分好奇，和五分“姑妈搞不定的男人我搞定了”的占有欲。

在乔琪乔跟女佣偷情，被葛薇龙看了个正着之后，哪怕他送来一捧又一捧的花，打了一个又一个的电话，她统统置若罔闻，准备永远都不再理他。

这种决绝是什么时候变了呢？

是在她打定了主意“无论怎样都不走”之后，看到乔琪乔开着车跟在自己身后，才忽然心念一转，选择了原谅，留在这样的生活里，哪怕要靠做交际花来为他赚钱。

但真的只是为了乔琪乔吗？

我有时觉得，乔琪乔在这个故事里更像是一个砝码，当葛薇龙内心的天平不断在“尊严”和“享受”中摇摆时，砝码被她拿来放在了“享受”的那一边，冠冕堂皇地以爱情之名，去戴上那根金碧辉煌的脚镣。

她必须爱乔琪乔，不然那样沉重又看不到天光的每一天，要怎么熬过去呢？

如此，最后一点儿不甘心也被消弭，她终于可以不带一点儿负疚感地投入这种纸醉金迷的生活中。

这哪里是什么“我爱你，与你无关”的唯美之恋？不过是一个人以爱情之名，寄托着的软弱、虚荣和贪婪而已。

这才是张爱玲作品中最让人“细思极恐”之处。

太多人的爱情只是听上去很美，实际上的作用不过像个垃圾桶。

如果你身边也有“葛薇龙”，请别那么残忍地揭穿他。他不过是个在看不到光的寒夜里奔走的可怜人，那件名为爱情的外套，成了他唯一的遮蔽之物。

就让故事里的香继续燃，也让故事里的人继续那场自欺欺人的梦。

只是别当真，也别被那样的“爱情”打动。

就看看，只是看看，仅此而已。

《金锁记》张爱玲

为什么越是不幸的人，就越是缺乏勇气？

秋天的夜晚总是阴沉沉的，尤其是赶上下雨。草丛已经泛黄，常青树却被雨浇出一种可疑的油绿，连虫鸣都被风吹得有气无力，平白就让人觉得秋意深了几重。

秋天的夜晚也最适合读张爱玲，同样的阴森和萧条，她的小说并不会引人一下子惊呼“好冷”，可只要稍微驻足一会儿，就会觉得通体发寒。

最近重读了一遍《金锁记》，不长，八万字的小中篇，被傅雷盛赞为“中国文坛最美丽的收获之一”，字句惊艳，情节却让人不寒而栗。

不是很复杂的情节，也没有什么国仇家恨，它讲的不过是一个普通女人一生的故事。

女人叫曹七巧，家里开着一个不大的麻油铺子，兄嫂为了钱，半嫁半卖地把她送进了当地的望族姜家，许给了患软骨病的二少爷。

看上去是体面且风光的高攀，可落到个人身上，却成了有苦难言的低就，哪个年轻美丽的女孩，愿意把幸福交付给一个没有感情的身患残疾的人？把大好青春锁进深宅大院，在妯娌、用人的排挤和嫌弃中度过余生？

不可说，无处逃，她只能熬着，用鸦片和想象中的爱情来麻痹自己，变得越来越乖戾难测。

七巧有两个孩子，儿子长白，女儿长安，因为这两个孩子的存在，姜家分家的时候，七巧也得到了可观的财产。

那时候的七巧不算老，有了钱，有了自由，像是一个女人重生入世最好的契机。可七巧唯一的变化，是从一个可怜的受害人，变成了一个可怕的施虐者。

她身边没有其他人，施虐的对象不过是一双儿女。儿子长白娶了媳妇，她却总是把长白留在自己屋里，彻夜给他烧大烟，从长白嘴里挖一点儿儿媳的私事，再添油加醋地，在牌桌上说给其他人听。

如果说明里暗里地跟儿媳争抢长白，不过是一个单身母亲对儿子变了味的眷恋，七巧对女儿长安的精神虐待，更是让人看了就觉得心寒。

长安十三岁，跟表哥玩被七巧看到，她就恶狠狠地把侄儿赶走，同时警告长安“天下的男子都是一样混账，谁不想你的钱”。

长安十四岁，进了学校拥有了正常的人生。她就总是要找借口去学校大闹，让长安羞臊得不得不主动退了学，回到家还要挨她数落“你爹不如人，你也不如人？就不肯替我争口气！”

长安二十四岁，生了病七巧不给她看，只劝着她抽鸦片来缓解痛苦，有人来劝，她还理直气壮，“反正我们姜家也吃的起”。

可当长安真的到快三十岁还没嫁出去，她的说辞就又成了：“自己长得不好，嫁不掉，还怨我做娘的耽搁了她！成天挂搭着个脸，倒像我该还她二百钱似的。我留她在家里吃一碗闲茶闲饭，可没打算留她在家里给我气受呢！”

好像也不过是那种最普通的、抱怨女儿姻缘不顺的母亲，可当长安真的找到中意之人的时候，她又想尽办法去破坏她的姻缘。

长安约会回来面带微笑，她要数落：“这些年来，多多怠慢了姑娘，不怪姑娘难得开个笑脸。这下子跳出了姜家的门，称了心愿了，再快活些，可也别这么摆在脸上呀。”

长安跟童世舫订婚，她兜头盖脸就泼一盆冷水：“他若是个人，怎么活到三十来几，飘洋过海的，跑上十万里地，一房老婆还没弄到手？”

长安听着大人议论给她的嫁妆，情不自禁地露出了微笑，七巧劈头就骂：“不害臊！火烧眉毛，等不及的要过门！你情愿，人家倒许不情愿呢？你就拿准了他是图你的人？你好不自量。你有哪一点叫人看得上眼？趁早别自骗自了。”

够狠吗？够变态吗？但她还有最阴毒的一招。

童世舫来家里做客，她明知道长安恋爱之后一直在努力戒烟，还是故意告诉童世舫："你别急，长安抽完这一筒鸦片就来了。"

抽大烟？谁敢娶这样的女孩做妻子？童世舫吓得连面辞都顾不上就借故告辞了。而长安的这段姻缘，也像夜空中的烟花一闪，终究又被无尽的黑暗吞没。

曹七巧就像是一个深不见底的旋涡，旋涡里满满都是阴冷黏稠的怨毒，靠吞噬周围的光与热，吃掉下一代人的生命力，来维持自身充满恨意的存在。

更年轻一点儿的时候读《金锁记》，我曾经无数次为长安感到可惜。

哀其不幸是真的，但多多少少也有点怒其不争。

她并不是没机会逃离母亲的，上学的时候脸皮厚一点儿，恋爱的时候坚决一点儿坦诚一点儿，未必就真的没有机会逃离被操纵的命运。可她总是在人生出现一丝微光的时候，选择了懦弱和避让。

我也是慢慢理解了长安的懦弱。

所谓原生家庭最恐怖，也最难以改变的，其实并不是父母对孩子的态度，不是从父母那里遗传的性格或气质，而是父母教会子女如何去看待她自己。

我值得吗？我是被爱的吗？这个世界是善意的吗？

这三个问题的答案，几乎可以概括一个人一生的所有选择。

对自己有信心的人可以勇敢，对他人有信心的人总有好运。

可长安这样的女儿什么都没有，她从小到大听到的，不过是“你一无是处”和“别人接近你都是为了钱”。

连母亲都这么说，自己一定很差劲吧。

连母亲都对自己这么坏，外面一定更危险吧。

人在极端的不安全感下，本能地就会选择退回到自己熟悉的环境中。

哪怕明知道自己的原生家庭是个旋涡，也会死死地抓着原生家庭的稻草不肯放手，把那一点儿冷冰冰的熟悉感，当作对抗整个恐怖世界的武器。

依赖自己所痛恨的，捍卫自己所惧怕的，在心有不甘和无可奈何中，变成自己最不想成为的人。

明明需要外界的牵拉来带自己走出旋涡，却根本没有伸手求助的能力，又因为一直得不到外界的正向反馈，身不由己地越陷越深。

失去对自己的信心，也失去对世界的指望。

那才是对一个人最可怕的摧毁，是任何一句轻飘飘的“要加油”和“勇敢点儿”都解决不了的问题。

想要逃脱这种命运只能仰仗际遇，可你会遇到什么人，对方有多坚定又有多少耐性，偏偏是最不可控的运气。

这才是《金锁记》里最残忍，也最让人无力的真相。

不幸的人，总是很难有勇气。

《横道世之介》

［日］吉田修一

平凡，笨拙，缺心眼，他究竟凭什么弄哭十万人？

今年看完了吉田修一的小说《横道世之介》，小说的主人公，是一个叫横道世之介的男孩。

在日本文化里，世之介是个挺特殊的名字，它是江户时代的作家井原西鹤小说《好色一代男》中的人物，人生理想是尝遍世间的美色。

四舍五入约等于一个叫“西门庆”的人吧，这样的一个名字，让横道总是一出场就赚足了眼球。

但能赚眼球的，其实也只有一个名字。横道世之介可不是什么风度翩翩的浪子，在小说的开始，他从家乡的小城市来到东京上大学，就是个丢在人群中压根儿找不到的普通人。

长相普通，身材一般，没什么特长，也没什么个性。大学的生活也平平无奇，上课，放学，打工，厚着脸皮赖在朋友家蹭空调，总是自说自话地逼着朋友听他讲自己喜欢的女孩。

也重色轻友，也逃课，也在冬天的中午赖在床上不肯起来，像一只肥硕的大青虫一样蠕动着摸索电视遥控器。

没有轰轰烈烈的爱与恨，没有狗血也没什么惊奇，怎么看也不是有故事的青年，更做不了谁的榜样和目标。

就是这样的世之介，同名电影被十万人打出了 8.8 的高分。有条高赞的短评这样说：“渺小的人物过着无聊的日子，认识莫名其妙的朋友做啼笑皆非的小事，但每一处都有切实的温暖，好像生命随着这些可有可无的小事变得形状明确了起来。”

我是在喝咖啡时偶然听到两个小姑娘的对话，忽然想起世之介来的。

那两个女孩看上去不过就十八九岁，叽叽喳喳地聊着自己的大学生活：

报哪个社团可以结识高质量的人脉……

听说隔壁班有个网红，靠拍拍视频轻松月入上万了呢……

要谈一场恋爱，出国旅行一次，至少在社团混到部长级别，拿一次奖学金……

有点儿惊讶，对精英主义的崇拜居然早在刚上大学的时候就开始了。

哦不，或许还更早，早在她们还在上中学，或者更小一点儿的时候，就已经被网络上“打造高质量的社交圈”“最怕你一生碌碌无为”的消息刷了屏。

但也蛮让人遗憾的。

是从什么时候开始，我们对成功人生的定义，已经狭窄到了要用收入、用标签、用微信里有多少大佬和朋友圈有几张旅行照来衡量了。

做一个很厉害的人，几乎成了全民的精英梦，不去做这个梦的人，就会被自觉划分到不上进，因而不可交的那一拨。

当然也没什么不对，但想来也还是更羡慕能像世之介一样活着的人。

能坦然接受自己的普通和平庸，不因为做不到而自怨自艾，也不因为得不到就苦大仇深。生活中那么多不起眼的小细节，在他眼中都是闪着光的小确幸。

冬天摸索着遥控器时，忽然摸到了一个橘子，好幸福。

参加社团的桑巴舞活动，虽然很难为情，但跳起来后真开心。

喜欢自己的祥子是个大小姐，家境好像差得不是一星半点呢，但有什么关系呢，反正跟她相处很开心。

他是个从来不评价自己也不评价他人的人。那种迟钝的坦然像是一种特殊的气场，让他身边的每个人都能感觉到温暖和平静。

面对因为女友怀孕，犹豫着要不要退学的仓持，世之介没有指责过“你怎么这么不小心”，他给的只有“我可以帮你搬家”“我还剩下一些钱，可以先借你”的笃定。

跟身陷风尘的千春相处，他也没有一丝一毫看不起，而对一个人毫无理由的爱重，才最能唤醒这个人的自尊心。

好友加藤向他表白，他只是呆呆地继续边啃西瓜边问：“那我今后是不是不能来你家吹空调了？”

没有怨怼，没有轻蔑，没有质疑，他大概也想不到，自己那一副缺了根筋似的傻样子，居然成了很多人在面对成年生活时缺少的勇气。

因为曾经被他全然地接纳过啊，无论生活糟糕成什么样，也不会觉得无缘孤立。

小说中最动人的地方，就是十几年后，这些人生活轨迹的记录。

做了爸爸的仓持视女儿为掌上明珠，每每看到女儿，就都会感谢世之介当年给他的那一剂强心针。

千春成为电台的主播，摆脱了过去的一切，靠自己的努力过上了体面的生活。

因为性取向问题屡屡遭人排挤的加藤，想起世之介当年平淡又呆萌的反应，总会不自觉地嘴角带笑。

世之介早已经离开了他们，他的人生止步于四十岁，为了救一个掉进地铁的女孩而不幸丧生。

但所有人都还记得他，并因为自己还记得，而感到无比幸运。

我也不知道，如果没有遇见世之介，自己的人生是否会不一样，我应该不会因为他的存在与否而有不同的人生。

年轻时没遇到过世之介的人多得不可胜数，这样想的话，我突然觉得自己比别人多了一份幸运。

我有时候觉得，世之介这种人存在的意义，并不是在提醒谁要努力，要拼搏，要成为很厉害的人，要让所有人都刮目相看。

他只是提供了一种不那么用力的活法。

人生中能打怪升级的时刻太少太少了，无论你是否情愿，到了人生中的某个阶段，都难免要被生活中的鸡毛蒜皮和平淡无趣淹没。

而对于你我这样的普通人来讲，能选择的不是要过怎样的一生，而是怎样去过这一生。

是永远焦虑羡慕着别人的成就，心有不甘地念叨着“我那么好，这样的生活配不上我”，永远需要一个名牌包包、一张精修图来证明自己的人生。

还是像世之介一样，淡定地接受普普通通的人生，并且很努力地在平凡中寻找温柔的闪光。

无论爱与不爱，生活都只有一次。

别辜负。

《飞狐外传》金庸

程灵素：如何优雅地失去一个人

前段时间跟一位女友吃饭，她正在被一段不敢说出口的暗恋折磨得神情憔悴、郁郁寡欢。她问我：“你说，怎样才能优雅地追求一个人？首先不能太主动吧，一主动就显得不矜持，也不能太直白吧，太直白又感觉迫不及待。我只能不断地暗示和旁敲侧击，可是这人偏偏就不解风情，怎么办？”

“你谈恋爱还讲究优雅啊，优雅重要还是开心重要？”

她居然一瞬间红了眼眶：“那万一我既失去了优雅又失去了他呢？别人会怎么看我。”

我劝慰她许久，分别后回家翻起床头的金庸小说，居然莫名其妙地想起程灵素来。

这个长相不漂亮性格不鲜明的小姑娘，在《飞狐外传》的后半本才姗姗出场，还没到结尾就死在了自己的十八岁。

她那么喜欢胡斐，终究是为他死了，可她的心意，他到底明不明了？

程灵素初出场的时候，可谓是金庸笔下所有女主中最寒酸的一位，比不过将段誉惊艳得掉了下巴的王语嫣，比不过一笑退千军的香香公主，甚至连“一张圆圆的鹅蛋脸，眼珠子黑漆漆的，两颊晕红，周身透着一股青春活泼的气息”的女配马春花都不如，金老对她的设定是直接映射在胡斐眼中的样子：

容貌平平，肌肤枯黄，脸有菜色，似乎终年吃不饱饭似的，头发也是又黄又稀，双肩如削，身材瘦小，显是穷村贫女，自幼便少了滋养。她相貌似乎已有十六七岁，身形却如是个十四五岁的幼女，唯有一双眼睛明亮之极，眼珠黑得像漆，精光四射。

美吗？不见得，迷人吗？恐怕沾不上边。

就是这样不起眼的程灵素，对侠骨柔情的胡斐动了心。

少女心动的一瞬间，仿佛她积攒了十六年的光芒都是只为了跟他相遇之后绽放给他看。

程灵素对胡斐的付出，多到令旁观者心痛。

帮他医治铁砂掌的毒，医苗人凤的双目，随胡斐闯荡江湖，被围困时甘愿与其同死。救马春花性命于无望，助胡斐得脱福府众多追兵。掌门人大会上用尽心思，方使群豪免陷虎穴，更不论日常相处中对胡斐的悉心照料，直至最后用嘴去吸胡斐手背上混着碧蚕蛊孔雀胆鹤顶红的天下至毒，终究为他而死。

若是金老不吝给程姑娘分上一点儿主角光环，那她一定是身穿白衣、自带优雅、慈悲而淡定地站在光芒中心的救世菩萨。可是在胡斐眼中并不如此，不管她为他付出了多少，陪伴了他多少，在他眼中的她，永远都是那个面有菜色、身材瘦削的小女孩。

她对他只有爱，有仰慕有钦佩有憧憬。

而他对她，是一次次无声的猜忌和怀疑。

程灵素讲起八岁时被姊姊骂丑八怪扔镜子的事情时，胡斐脸有异色，她猜中了他的心思，直截了当地说："你怕我毒死姊姊吗？那时我还只八岁呢。嗯，第二天，家中的镜子通通不见啦。"

在为苗人凤治眼睛准备扎针，叫他"放松全身穴道"时，胡斐却是心中一动，生怕程灵素暗藏阴谋欲借机加害苗人凤。程灵素与苗人凤素不相识，只因为胡斐想要救他，便从药王庄风尘仆仆地赶来为其治眼，苗人凤尚不疑心，起疑的却是那个来拜托她的人。

他的心思她都懂得，但选择了宽容和不解释。有时候甚至觉得程灵素懦弱，居然连一句"你为什么不相信我"都从未质问出口，仿佛她默认了付出、牺牲和隐忍，而他则理应获得谅解和宽宥。

程灵素的冰雪聪明，是天赐也是诅咒。

有时候甚至觉得，若她目光短浅如郭芙、神经大条如傻姑，或是不谙世事如小龙女、率直坦然如李沅芷，她应该会活得更开心一点儿吧。

她太骄傲又太敏感，以至于在爱情中显得近乎怯懦。当她发现他心仪袁紫衣之后，居然直接缴枪认输。她过早地给自己的爱情判了死刑，她宁可为他去死，也不肯让他看出自己的心意。

胡程结拜的那一段，连旁观的读者都看得心痛又着急，可程灵素表现出一丝一毫的伤心了吗？并没有。

瞧着她瘦削的侧影，胡斐心中大起怜意，说道："我有一事相求，不知你肯不肯答允，不知我是否高攀得上？"程灵素身子一震，颤声道："你……你说什么？"胡斐从她侧后望去，见她耳根子和半边脸颊全都红了，说道："你我都无父母亲人，我想和你结拜为兄妹，你说好么？"

程灵素的脸颊刹时间变为苍白，大声笑道："好啊，那有什么不好？我有这么一位兄长，当真是求之不得呢？"胡斐听她语气中含有讥讽之意，不禁颇为狼狈，道："我是一片真心。"程灵素道："我难道是假意？"

说着跳下马来，在路旁撮土为香，双膝一屈，便跪在地上。胡斐见她如此爽快，也跪在地上，向天拜了几拜，相对磕头行礼。

程灵素道："人人都说八拜之交，咱们得磕足八个头……一、二、三、四……七、八……嗯，我做妹妹，多磕两个。"

她宁可心碎，也不愿示弱。宁可优雅地失去他，也鼓不起勇气伸手挽回。

说来也巧，金庸笔下那些主动的女孩子，总是能得到一个好结局。

李沅芷等到了她的余鱼同，赵敏抢到了她的张无忌，连拈酸吃醋、姿势难看的温青青最终也还得袁承志为伴。

可是优雅矜持的程灵素呢？

她活着的时候什么也没得到，直到她死了，他才开始回忆起她的一颦一笑柔情蜜意，感慨："我要待她好，可是……可是……她已经死了。她活着的时候，我没待她好，我天天十七八遍挂在心上的，是另一个姑娘。"

胡斐将她的骨灰埋进了自己父母的坟里，她十八岁的短暂人生，仿佛终于得到了他的认可。

可是那认可来得太晚，终究也不重要了。

胡斐在《雪山飞狐》中，终究还是与清雅秀丽的苗若兰订了白首。

不知道冰雪聪明的程灵素有没有过一刻的后悔。

她的对手不算强，袁紫衣之比周芷若，自是没有青梅竹马之谊，也没有师长亲友的媒妁之言。

她的心上人算不上太难争取，比起张无忌在四美之中左右摇摆，胡斐对袁紫衣的念念不忘，与其说是爱恋，不如说是一种对女性虚无的向往。

胡斐对程灵素虽然远称不上一见钟情，但他未必没有动过心，只是她的伪装将他拒之千里，让他无从看清自己的感情。

她将自己装扮得独立又坚强，谨守着哥哥和妹妹的分寸，将他越推越远，却从未想过，为什么，为什么就不能伸手拉他一把呢?

若是她当真鼓起了勇气表白，加之无微不至的陪伴，假以时日，占据他眉间心上的人，未必就不能是她啊。

爱情这个训练场，它考验勇气，考验判断力，考验眼力、体力与耐力，唯独不考验优雅。

你优雅地等待的那个人，走到半路就被别人抢走了。

又或者，你的矜持被误解成冷漠，让那个本来想要靠近的人心生敬畏，越走越远，直至失去。

这才是最得不偿失的一件事啊。

有些人，你不能被动地等；有些事，你不能敏感地猜。

《天龙八部》

王语嫣：我爱故我在

金庸

王语嫣看上去很美，美到吸引着一个大理的王子跟屁虫一般为了她赴汤蹈火，几次险些丧命。她一出场就是十足的女神范儿。事实真的是这样吗？

让我们来看看段王二人初见时段誉的心理活动：

眼前这少女的相貌，便和无量山石洞中的玉像全然的一般无异……眼前这少女除了服饰相异之外，脸型、眼睛、鼻子、嘴唇、耳朵、肤色、身材、手足，竟然没一处不像，宛然便是那玉像复活。他在梦魂之中，已不知几千百遍的思念那玉像，此刻眼前亲见，真不知身在何处，是人间还是天上？

段誉站起身来，他目光一直瞪视着那少女，这时看得更加清楚了些，终于发觉，眼前少女与那洞中玉像毕竟略有不同：玉像冶艳灵动，颇有勾魂摄魄之态，眼前少女却端庄中带有稚气，相形之下，倒是玉像比之眼前这少女更加活些。

而段誉初见木婉清的容貌时，也是“全身一震，痴痴地望着她”，更几次三番为了不同的女子冒险。

多情是他的天性，护美是他的本能，与其说他的痴迷是真正地爱慕王语嫣这个人，其实更像是去成全自己对玉像的爱意和执念。

没有段誉的神仙姐姐还叫作女神吗?

我们似乎很难在《天龙八部》中找到其他人对王语嫣容貌的赞美。

就连痴恋李秋水小师妹的丁春秋，在看到神似的王语嫣之后也没有表现出任何异常。可能性之一是他老眼昏花什么都看不清，可能性之二则是王语嫣的容貌和他心目中的小师妹相去甚远。

其实，当我们拿掉王语嫣的女神光环之后，反倒更容易看清这个人。

金庸对王语嫣的设定，从来都不是高高在上、不食人间烟火的“神仙姐姐”，相反，她真正像是个没长大的孩子。

跟她年龄相近的阿朱、阿碧，一个深明大义、一个伶俐聪颖，更别说小小年纪就出去闯荡江湖、诡计百出的阿紫。

相比这些人，王语嫣像是在温室里被保护得最好的花朵，她几乎没有任何明显的个性。

她没有自己的主见和思想，在她心中，表哥就是一切，他要东就东，他要西就西，管他是否正确是否正义是否应该，只要是表哥要做的就是对的。

她的判断力不怎么好，甚至在慕容复假扮李延宗的时候连自己的心上人都认不出来。

她的情商似乎也低得可怕，一找到慕容复立刻甩了段誉不说，在少室山大战中慕容复打伤段正淳时居然还拍掌叫好。

哪一点像是自带强气场的女神？分明是一个被宠坏的，还不懂世事的小丫头。

有人评价郭襄的时候说，“她这一生唯一的遗憾，就是遇到杨过太早。”

而王语嫣对慕容复又何尝不是如此。

郭襄十六岁在风陵渡头重逢杨过，少女心霎时倾倒，覆水难收，神雕大侠从此在她心中深深地扎了根。而王语嫣遇到慕容复恐怕更早，两人原本就是姑表至亲，说是青梅竹马一起长大都不为过。

他过早地在她心里生根发芽，占据她整个心房，日复一日地繁衍生长，长成一棵蔽天的大树，让庭院里的她再也看不到外面的世界，再也不能让其他人走进她的心。

当一个女孩子还没见过整个世界的时候，她会很容易认为心中的那个人就是太阳，一生为他而转，然后又在一次次的付出中强化自己的爱意和依恋。

慕容复就是这样，过早地走进了王语嫣的人生。

她不喜欢学武，却为了他熟读武林各门派的秘籍。

她从未走出过曼陀山庄，却为了他开始闯荡江湖。

她不喜欢嗜血杀人，却为了让他取胜而屡次在场外出声指点。

她不需要调整自己的性格，不需要培养什么判断力、主见、个性。慕容复像是她的北斗星一样，早就为她指明了方向。她只需要培养他需要的技能就已足够。

她的存在只是为了爱他，要完全剥离慕容复对她生命的影响，那她就只能留下一具空壳。成为一个被远远膜拜的神像，没有意义，也没有灵魂。

她离开慕容复留在大理的时候，已经开始感叹韶华易逝青春短，并失态地试图打破玉像寻求驻颜术。

王语嫣心道："长春功的秘诀多半藏在玉像中！"随手便将玉像一推。砰砰声响，玉像倒地……

段誉劝道："……道家说生死，曰'齐天地''坐忘'，只是叫人看开一点。佛家视生为苦，老死为必不可免。……嫣妹，人的色身是无常的，今天美妙无比，明天就衰败了，这大苦人人都免不了。"

只听王语嫣叫道："我不要无常……"掩面向外奔出。

这才是真正的可悲与空虚，当一个女人失去了可抓住、可倚仗的一切，就会过分夸张地珍惜自己的容颜。

很多人都吐槽新版的《天龙八部》结尾，王语嫣最终还是离开了段誉，回到了已经疯傻的慕容复身边。

听起来既不合常情，又显得王语嫣左右摇摆、心意不纯，可我最喜欢这一段：

慕容复道："众爱卿平身，朕既兴复大燕，身登大宝，人人皆有封赏。"坟边垂首站着两个女子，却是王语嫣和阿碧。王语嫣衣衫华丽，两颊轻搽胭脂。阿碧身穿浅绿色衣衫，明艳的脸上颇有凄楚憔悴之色……

（段誉、王语嫣、阿碧）三人一时心中都有千言万语，不知从何说起，又都走近了几步。段誉轻声叫道："嫣妹！阿碧小妹子！"王语嫣和阿碧也叫了声："哥哥！"二女见段誉流泪，情不自禁，珠泪纷纷自面颊落下。

三人相对片刻，挥手道别，各自转身。

王语嫣和阿碧转过身来，见慕容复适才受众孩童朝拜，脸上依然容光焕发，二女抹了抹眼泪，微笑着向他走去。

阿碧尚且面有悲色，可王语嫣却尚有心情装扮，女为悦己者容，想必这时站在慕容复身后的她，心中是无比快乐和满足的吧。她要的从来都不是山河天下，她只要他，而现在她得到了。

而与段誉相见时的眼泪，与其说是后悔、悲伤和痛苦，不如说是求仁得仁的满足和欣慰。

她最终是平静地微笑着向慕容复走去的，那一刻的她，好像终于成为一个活生生的、有生命力的人。

他的爱毁灭她，却也成全她。她因为爱他单调，却也因为爱他而存在。

圣人忘情，最下不及情；情之所钟，正在我辈。（《世说新语·伤逝》）

幸耶，不幸耶？

又岂能由他人判决。

《倚天屠龙记》

为什么周芷若会输给赵敏

金庸

记得从前曾经在一本书上，看到过这样一段话：爱读金庸的，男人大多喜欢《鹿鼎记》，左拥右抱红香软玉的韦小宝简直就是一部活生生的逆袭教科书，而女人大多数喜欢《倚天屠龙记》，书中虽有国仇家恨，有阴谋毒计，最好看的不过是四美相斗勇者胜，仅仅是赵敏一个人，就可以成为完美恋人的典范。

单身的时候有才干、有智慧、有情商，一掉进爱河能进能退且智商从未清零。

每每看到描写赵敏的片段，便会自觉脑补出贾静雯饰演的那一版，宜笑宜嗔古灵精怪，在张周婚礼上独身一人走进喜堂，眼神坚定笑容朗朗，“可我偏要勉强”。

知乎上曾经有过一个问题，“周芷若如何说或者做，才能在婚礼上稳住局面，让张无忌不被赵敏抢走？”看到一个十分有趣的高赞回答：

赵敏跑，你也跑啊，你别去插她，你插她干吗啊？你跑到张无忌面前，自己跪下，扑通对着他磕一个响头，自己马上揭开红布起身，大声说：今日要事当前，一切便宜行事，刚才这一拜算我俩夫妻对拜，郎君你走吧，赶紧搬砖去，郎君你放心吧，这边有我罩着呢，保证不给你跌份儿。郎君你要是觉得心里有愧，忙完了事儿对着我这个方向磕个头，还了咱俩的对拜之礼，以后好好待我就是。郎君你还愣着干吗呀，快去快去，耽误了可就来不及啦。郎君我等你回来吃饭哦，郎君爱你，郎君么么哒。

（引文引自知乎作者芝士就是力量）

读来不禁失笑，不知道当初金老为周芷若写下这样的结局之时，会不会也一边写一边嘟囔：“小妮子干吗这么犟，不知道曲线救国的道理吗？”

其实周芷若并不是个智商偏低的傻瓜，相反，即便对手赵敏的奇计百出，周芷若的冰雪聪明也丝毫不差，即便是急怒攻心之下，也不至于一下子就智商清零到了素手裂红裳的程度。

再读原著的时候却又觉得芷若可悲，或许她不是不想去学习赵敏一样的利落洒脱，也不是不知道只要忍下一时之辱，以张无忌优柔寡断又重情重义的性格，日后必定会加倍补偿。

不是她不肯学不肯做不肯忍，只是不会而已。

赵敏是皇亲贵胄，周芷若是平凡孤女。

与生俱来的尊贵，家世造就的洒脱，众星捧月的呵护，势在必得的底气。

赵敏有的这些，周芷若一样也没有。

经济学家弗兰克·奈特有个听上去让人无奈的结论，“对一个人的未来最具决定意义的是一个人的出身，其次是运气，个人努力相比之下则是最不重要的”。

周芷若并不是不努力，只不过是无论怎么努力也比不过赵敏的底气。而爱情里的争斗，可不是鸡汤教导的做好自己不要跟别人比较就行。

灭绝师太死后，周芷若前面是尖酸刻薄的丁敏君，旁边是深情但是没什么本事的愣头青宋青书，张无忌就是她此刻生命中唯一真实的暖色和倚仗，偏偏还有一副振兴峨眉的担子压在她肩头。

于公于私，于情于理，她都不得不爱他，把他当作自己唯一的指望，孤注一掷地去爱他。

因为太过爱，所以连赌的勇气都没有，又因为太过自卑，平生最怕被别人耻笑了去，只好先声夺人地发难，把自己仅剩的一点儿赌注生生掐死，像是一场报复。

一个人越形只影单，越孤苦可怜，对着唯一的希望就越容易孤注一掷，越孤注一掷，就越容易走火入魔。

江湖中的周芷若亦不免俗。

最可倚仗的人撒手而去，最可爱恋的人泛爱无疆，她甚至不确定他是否爱她，所以反复拿言语试探他对小昭的思念和对赵敏的不舍，又在每一次得不到满意答案的时候更加焦虑，让自己的爱情陷入如履薄冰、战战兢兢的境地。

可她又是自卑和自负的，又注定了她不能像个普通女子一样全心向爱，舍下自尊、舍下面子为他委曲求全。

周芷若的爱太艰难，正是因为太没底气的缘故。

她自问没有什么资本可以死死留住他，小昭的温柔似水、蛛儿的青梅竹马、赵敏的善解人意都是他心中舍不下的留恋，而周芷若能做的，只是尽力去维护这场婚约。

当他说出“好，就依你，今日便不成婚”的时候，她唯一的底牌就是毁灭。

相反来看赵敏，抛开明教与她的立场不谈，仅仅是张无忌的三伯六叔因她手下而伤，或是她背着张无忌伤父杀妹的重重误会又无可辩驳的无奈，桩桩件件，每一件如果放到周芷若的身上，都是无法挽回的决裂。

可赵敏偏不，她放低得了身段忍得了委屈，她的心里跟周芷若一样清楚，张教主多情却迂腐，唯有让他觉得感激和愧疚，才能更长久地留下他的心。

她从未放弃爱他，即便是在小酒馆里一个人孤零零地喝着两个人的酒，即便是迎着他滔天的怒气和误解以郡主之身不哭不闹地挨了那一个耳光。

一个人对另一个人的洒脱，并不是因为爱的不够深，而只是因为有足够的爱的底气。

一时失去了，不要紧，总有一天找回来就是，而在重新得到之前，或是争抢失败之后，也用不着天崩地裂地伤心，反正她还有大半个世界完好无损呢。她依旧是手握兵权和江湖势力的郡主，依旧有爹爹疼哥哥爱，有小王爷扎牙笃和更多个潜在的小王爷倾倒于石榴裙下。

她从不怕没有他，因而才没有失去他。

赵敏的爱，因为平等所以纯粹，因为有信心所以从不绝望，从来不至穷途，像一条永不干涸的小溪。

而这些，周芷若作为一个渔船上的孤女和一个备受质疑的掌门人如何能比，所以她只能爱得提心吊胆，爱得无路可退，直到逼着他渐行渐远。

出身行事也好，性格境遇也罢，爱没有底气，输不起又得不到，或许这才是周芷若最终输给赵敏的真正原因。

《德伯家的苔丝》

[英]托马斯·哈代

一个女人的五次死去

如果说悲剧就是把美好的东西打碎给人看，比悲伤更悲伤的，莫过于把一件美好的东西反复摔打，修复好，然后再摔打，当你终于松了一口气，觉得它能安然无恙时，再将它彻底毁灭。

托马斯·哈代笔下的苔丝就是这样的人。她那样美，却遭到玷污，那样坚强，偏偏又被抛弃，她是全家最懂事的女儿，可她悲惨的命运又正是从家庭开始。

苔丝悲剧的导火索是一场意外，父亲吃醉了酒无法进城送蜂箱，她不得不带上幼弟赶着老马出发，途中不小心打了个盹儿，老马被迎面驶来的一辆邮车撞死。靠小生意支撑的家失去了交通工具，就等于断了唯一的收入。

苔丝又愁苦又自责，而她父母满心想着的，是打发她去攀一门素未谋面的富亲戚。

在特兰岭的大庄园里，苔丝遇到了亚力克。她早在那时就察觉到亚力克的不怀好意，因此当他写信让苔丝去庄子里的养鸡场打工时，她坚决拒绝，而且将亚力克的轻佻举动一一告知了母亲。

可回应她慌张的，只有母亲的兴奋。

“他叫你妹子呢，他很有可能娶你，让你做阔太太，到时候你可就跟咱家祖宗一样扬眉吐气了。”

拗不过母亲的劝说，她出发了。在亚力克派来接她的那辆大车上，她又一次被他调戏，她曾一度跳下马，赌气想要回家，可她又能去哪儿呢？

她的父母只盼着她能博得富亲戚的欢心，重新点亮她那个“高贵”的姓氏，再不济，也能换得一些接济补贴家用，她如果这样就回去，他们又要怎么生活。

于是她选择相信他“不再动手动脚”的保证，看似像是一个花季少女的天真与不谙世事。

可她除了欺骗自己相信他，她还能怎么样呢？一个没了退路的女孩，又有什么资格恐惧前途险恶。

她的悲剧在她自欺欺人的时候就埋下了伏笔。

第一次，她死于父母的虚荣心。

之后的一切并不让人意外。亚力克假意送她回家，故意走错了路，趁她睡着不备之际夺走了她的童贞。在当时的英格兰，失去贞操对女人不啻于奇耻大辱。

亚力克却将一切归罪于她的美貌，甚至为她想好了出路，只要顺水推舟地嫁给他，就能过上公主一般的生活。

在鸡场里待不下去了，苔丝只有收拾好东西回家。亚力克坚持与她吻别，而她只是僵硬地转过脸任由他吻，两眼茫然地穿过他，看向远方的树木。

她终于不用再怕他了，但她的勇气要以被他毁掉为代价。

第二次，她死于亚力克的轻佻。

一个被毁掉的人，还能再被毁掉一次吗？生活很快给了苔丝一个更为狰狞的答案。

她怀孕了。

她离群索居，整天窝在家里，后来婴儿出生，她好不容易重新鼓起勇气出门干活。一个年轻女孩抱着婴孩喂奶，每每引来好奇和猜疑无数。

知情人都知道，她是在“攀高枝”的时候丢了贞操，但他们不知道亚力克提出过娶她，还以为她是以色事人却被始乱终弃的“傻女人”。

她的婴孩还不满一岁就因病夭折，小婴孩的死像是一块丢进深渊砸醒了恶魔的石头，在她出门时、做礼拜时，总有人在张望她，低声议论。

她那时还不知道，那些以他人的悲痛为食的秃鹫，将她称作“那个富家公子的姘头”。

第三次，她死于旁观者的冷漠。

家乡无论如何都待不下去了，苔丝选择了一个离家很远的奶牛场打工，那也是她第二次离家远走。

在奶牛场，苔丝遇到了自己的一生所爱克莱尔。克莱尔很快爱上了美丽纯洁的苔丝，不顾全家的反对跟之前的订婚对象退了婚，一心一意要娶苔丝。

在他们相知相爱的过程中，苔丝曾经无数次想要告诉他自己的遭遇，可不是开不了口，就是刚开口就被克莱尔岔开了去。她甚至试过给他写一封信，忐忑地等了一整天，才发现那封信阴差阳错地被塞进了地毯，以至于克莱尔根本没有看见。

她努力过太多次都失败了，才敢把这一切阴差阳错看作上天对她的一点儿怜惜，鼓起勇气跟克莱尔结了婚。

在新婚之夜，克莱尔先对她坦白了自己婚前在伦敦的放荡行为求她原谅，而天真如苔丝开心不已，她也将自己的遭遇和盘托出，以为两人的告白能让彼此平等。

可她还是太天真，一个未婚男人的浪荡不过会招来两句嘲讽，一个未婚女人的失贞却是灭顶之灾。

克莱尔心中那个纯洁的苔丝像神龛一般轰然倒塌，他像收一根钓鱼线那样迅速又果断地收回了自己的爱情，并坚持认为“我爱的不是你，是那个跟你长得一模一样的女人”。

碍于面子和身份，他不愿跟苔丝离婚，他将苔丝送回了娘家，留下了一些钱，就自己跑去了南美洲。

新婚被弃，而那个转身离开的，恰好是她准备托付终身的人。

多讽刺，亚力克没有毁掉的苔丝的尊严和灵魂，克莱尔都替他做完了。

毁掉一个女人的，从来都不是那些无关紧要之人施加的伤害，而是那个她真正在乎的人，只因为她“不再纯洁”就停止爱她。

第四次，她死于她的爱情。

克莱尔留下的钱对意外频出的苔丝家来讲，无异于杯水车薪。先是母亲患病，再是父亲突然去世。她努力想要撑起她的家，她打零工，甚至跑到麦场做苦力，忍受麦场老板对她的鄙夷和冷嘲热讽。

可还是不够，她家里的房子也被收回，眼看年幼的弟妹就要流离失所，她最需要他的时候，他从不在身边。

而亚力克重新遇到了她，并且又一次地，为她的美貌所打动。一半出于愧疚，一半出于私心，他向她求婚，一次次向她千疮百孔的家伸出援手，同时，也一遍遍向她重复着：“他不会回来了，你爱的人，他不再爱你了。”

而苔丝在无望地寄出一封又一封信，像往常一样得不到回音之后，她同意跟亚力克同居了。

一个死心的女人，本来也是可以活下去的。克莱尔偏偏又在此时出现，带着他对苔丝的想念和他迟来的想通。

造化弄人莫过于此，在她终于死心之后，他才动了心。

于是她杀死了亚力克，跟克莱尔共度了短暂的逃亡蜜月之后，被逮捕判处了绞刑。

很多人觉得，苔丝根本没必要杀死亚力克，她只需要像之前那样，偷偷溜出来跟克莱尔离开就行，可她杀死的，又何止是亚力克的肉体呢？

她杀死的是她的耻辱、她悲剧的源头、她转瞬即逝的软弱和太多的不得不。

她只有杀了他才能夺回自己的清白，才有资格平等地跟克莱尔在一起。

第五次，她死于自己的自尊心。

这是苔丝的悲剧，未尝不是整个社会的。

正如林奕含在《房思琪的初恋乐园》中所写：任何关于“性”的暴力，都是整个社会一起完成的。

而作为旁观者，你我能做的只有一点点。

拿起石头砸人的时候，麻烦留三分力。

《安娜·卡列尼娜》

[俄]托尔斯泰

感情里最可怕的一种，是你不问，我不说

托尔斯泰的著作《安娜·卡列尼娜》中，最抓人眼球的是两条爱情线，一条是安娜、卡列宁和沃伦斯基，另一条是列文和凯蒂。

相比起安娜在感情中的纠结与痛苦，被沃伦斯基“抛弃”，转而嫁给了列文的凯蒂却过上了幸福的生活。更美、更真实也更有魅力的安娜，在社交场上斩获膝盖无数，却在两段爱情中都吃尽了苦头。

第一段，跟卡列宁，看上去像是一段毫无感情的婚姻。卡列宁一心扑在事业上，对安娜的态度像对待一件装饰品，礼貌而没有温度，是个似乎没把家庭当回事的精英男。

第二段，跟沃伦斯基，这次倒是激情四射干柴烈火。她为了沃伦斯基不惜自毁名誉与他私奔，而沃伦斯基也用放弃事业和社交陪她远走高飞来回报她的爱情。

两个完全不同的男人，却没有一个能给她幸福。她离开第一段感情的时候身败名裂，离开第二段的时候更是直接丢了性命。看到最后的时候忍不住想，如果安娜可以提前知道最后的结局，她还会离开卡列宁吗？

跟一位朋友聊起这个话题，她毫不犹豫地说了会，理由也很简单：对安娜这样追求真实、渴望被爱的女人来讲，还有什么比不被爱更加可怕的惩罚吗？她宁愿死也不愿意将就，让自己枯萎在一段无爱的婚姻里。

那么问题来了，卡列宁是不是真的一点儿也不爱安娜呢？

表面上看好像如此，即便是沃伦斯基介入之前，他跟她的对话也全像是教科书似的表演。

安娜从莫斯科回到彼得堡，卡列宁亲自来接站，本来是挺温馨的小别胜新婚，卡列宁却搬出了最官方的腔调表示：我有半个小时时间来接你，并向你表示我的忠诚。

这也太扫兴了吧。

我几乎是瞬间就懂了安娜跟卡列宁相处时的种种不自在，他像是个装在套子里的人一样，一举一动都一板一眼，所以他们的每次互动都显得别扭无比。

是的，他不懂她，也给不了她想要的冲动和激情，但这足以证明他不爱她吗？

如果不爱，他何必在发现她与沃伦斯基的暧昧之后苦苦思索措辞，明明能站在道德高地上一通指责，但他犹豫再三，还是选择了最平和的一种。

他明知道安娜是借着看赛马的机会跟沃伦斯基幽会，却还是专程回家给她送了钱。他最爱面子，却还能在安娜生下了与沃伦斯基的孩子之后愿意原谅她的出轨。

就连他直到最后也不愿意与她离婚，让她不得不没名没分地跟着沃伦斯基私奔，我也认为那不是“得不到就要毁了你”的报复，而是“希望你回头时有路可退”的悲悯。

除过爱情之外，还有什么力量能让一个“事业有成，地位卓越”的男人心甘情愿地戴上这么大一顶“绿帽子”？

能让他在安娜离开之后那么久的时光里，从不曾对任何人说过有关她的一句恶言冷语？

他大概是爱着她的，但她无从得知。

就像在赛马场上，他目睹了她与沃伦斯基的亲密互动，明明满心都是焦灼不安，却还要表现出一副毫不在意的样子，滔滔不绝地跟别人讨论政事。

她恨他满不在乎的虚伪，却不知道他努力假装不在意，只是为了掩饰自己的痛苦和慌张。

她从没有表达过自己的需求，因而他也始终无法知道自己给的爱不够。

他也从未郑重地跟她说过一句“我爱你”，因而她也从来都弄不懂他的心。

他们像无数怨偶一样，以为自己掌握了所有的答案，但那终究是自己的内心戏而已。

换个人又怎样呢？到了第二段感情里，安娜跟沃伦斯基的相处又掉进了同样的陷阱。

她讨厌沃伦斯基对社交界的向往，认为那意味着她自身的魅力在消退，而沃伦斯基也对安娜的管束和反复无常日渐厌恶，从开始的甜言蜜语，到后来甚至不愿意跟她再多说一句。

可她从不敢问一句“你是不是开始嫌恶我了”，他也从不敢跟她明说“我爱你，但除了你之外，我还需要生活”。

一个不敢接受真相，另一个不忍施加伤害。

感情中，最可怕的就是这种自以为体贴的隐瞒。这种隐秘的互相猜忌，在两个人之间竖起了厚厚的一堵墙，可在旁观者眼里，那只不过是一张薄薄的纸而已。

书中的另一对情侣列文和凯蒂就曾经无数次成功捅破过那张纸。

列文讨厌瓦斯洛夫斯基跟凯蒂讲话时那种刻意的挑逗，也不满凯蒂应答时的神采奕奕和满面笑容，他就直截了当地对她坦白了自己的醋意，在征得她的同意之后，甚至毫无风度地直接把瓦斯洛夫斯基扫地出门。

压根没有半点儿贵族待客的风度，却让她明明白白知道他的软肋所在，以及他的在乎。

而凯蒂也是一样，她察觉到列文为安娜的风采倾倒时，并没有选择自己生闷气或者瞎猜，而是直接在他面前哭了出来：

你是不是也爱上了安娜？她迷住了你，是吗？

她这样直白的问法很不符合一个上流社会小姐的气度，但有时，只有直白才能逼出一份坦诚。他们互相坦陈心事，聊到凌晨三点，不仅完全和解了，甚至比之前还更亲密。

这便是列文与凯蒂相处之道的可贵之处，他们爱得没有安娜和卡列宁那样早，也没有沃伦斯基和安娜那样深，但他们找到了打开幸福的那把钥匙。

不要害怕问，哪怕答案会让你痛苦，也不要回避答，哪怕答案会让对方失望。

爱是勇敢者的游戏，不是弱者的避风港。

想要爱，就别那么怕受伤。

《色，戒》

她只是爱上了爱情

张爱玲

电影《色，戒》中，王佳芝放走易先生的瞬间，让我想起作家巴尔齐尼和他的那本《意大利人》。

巴尔齐尼在那本书中记录了意大利的很多问题。

比如意大利出了很多伟大的艺术家、政治家，甚至是科学家，却始终未能成为世界强国。

社会上人人善于精打细算，但作为一个国家而言，它却意外地缺乏效率。

为什么意大利人能忍受庸碌的将军、无能的总统、腐败的官员甚至是暴君，却无法忍受表现得稍微不如人意的歌剧演唱家、指挥家和演员？

巴尔齐尼给出的答案也很让人意外，他认为，这些问题跟意大利长期以来地方官员的贪污和外来入侵者的剥削有很大关系，过去的历史经验教会了意大利人这样一个道理：

这世界上已经没有任何人和任何事可以让人信赖，在一个混乱失序、灾祸连连、无比荒唐的世界上，你只能信赖自己的感官体验。

舌尖感受的鲜，映入眼帘的美，心因为感动而漏跳的几拍。其余万事万物，都只是这些直观感受的背景板。

地老天荒求不得，眼下那一点点能把握的笃定，就成了唯一能救命的稻草。那一点儿光亮在暗夜无边的海上照亮恐惧，让人们泅渡到荒滩。

于意大利人而言，那根稻草是美和艺术，而对于王佳芝，是易先生递给她的那枚戒指和它带给她的爱情。

王佳芝到底是不是因为爱上了易先生，才会脱口而出一句“快走”的呢？

或许是的吧？不然，还有什么能让一个妙龄少女宁愿付出生命的代价，又有什么冲动能让她忘了自己之前所有的牺牲，把理智和信仰一起打包，交付给一枚钻石戒指？

我第一次看这部电影的时候，也这样想，后来读了巴尔齐尼，又回头去看《色，戒》的时候，忽然想到另一种可能性。

是的，她动心了。

可她动心的对象，或许并不是易先生，而是爱情本身。

她那么美，那么窈窕，有着那么丰沛的情感和大好的青春，却没有足够的运气去遇到一个配得上她爱情的人。当周遭的一切都不可依赖、不可相信的时候，她能把握住的，只剩下那一瞬间的心动。

让王佳芝孤注一掷的，其实并不是易先生那个人，而是她自己因他而生的那一点儿笃定。

飞蛾扑火一样心甘情愿，甚至不需要回应。

李安是残忍的，从开始到结束，把王佳芝的世界一点点变成一片荒芜，最后到了一片死寂的程度，就连旁观者都要发疯。

王佳芝没有家庭，母亲早逝，父亲带着弟弟去了英国，只将她托付给了舅舅和舅母，留她一个人在国内飘摇。

她也没有朋友，父亲再婚，她在人前带着笑给父亲回信说恭喜，只有隐在电影院大屏幕的黑暗里才敢痛哭。

她连爱情都没有，一腔少女情怀暗恋着邝裕民，可一举一动都发乎情止乎礼，等了三年，也只等到不痛不痒的一个吻。

她为之牺牲的东西从一开始就注定风雨飘摇，热血激昂的邝裕民高喊着号召同伴刺杀汪精卫的重要党羽易默成，挂在嘴边的却是汪精卫年少时的诗“引刀成一快，不负少年头”。

她为之付出了贞操的，在同伴的嘴里不过是“先杀两个容易的，再不杀就要开学了”的恶作剧。

口口声声跟她说着完成任务就送她出国的老吴，在她明确表示自己快要撑不住的时候，还用牺牲和大义掩盖自己的食言。

她的生活什么也不剩下。秋微那句话说得多好：

一个成年人的孤单，在于生活中再无可尊重之人。

她拥有的本来就少，尝试的一切又都失败了，看着王佳芝一步步走来，身边的天光一点点暗下去，直到伸手不见五指，戴上戒指那一刻的感动，就是她人生中唯一的微光。

挺讽刺的吧，明明是做戏，却成了她世界中为数不多的真。

他为她的歌声落泪是真的，戴在手上的戒指是真的，鱼水交欢是真的，至于爱情是不是真的，还重要吗？

她其实也没有自己想象的那么爱他，她只是太无望。除了孤注一掷点燃自己，她还能怎么办呢？

想起蒋勋先生评《红楼梦》，尤三姐自刎证清白的那一段，很多人为她不值，觉得她太傻，又指责柳湘莲的有眼无珠，可蒋勋却写：尤三姐的痴情不是用以回报柳湘莲的，那只是一场自我完成。

她借助那深情到了自己想去的地方，就足够了。

就像是王佳芝，在明知必死的时候，选择去的地方还是易先生为她租的那间小公寓，年轻的黄包车夫笑着跟她寒暄："太太这是回家啊？"

她明显有好几秒的犹豫，却还是带着泪，含笑回了一声"哎"。

市井情爱，柴米油盐，那是她到了最后都眷眷向往的踏实。她将老吴给她的毒药胶囊拿在手上看了又看，最终还是没有喝掉。

她也不是在等易先生吧，只是她已经不再怕了，她终于借助自己，创造了生命中仅有的一点儿真实，以此将她渡往她想去的地方。

与软弱无关，与爱情无关。

那只是一个失去了一切的女孩，在荒唐尘世中最后的努力。

《变形记》

［奥］卡夫卡

真的没有人能无条件爱你

最近收到两位读者的私信，好像是两件完全没关系的事，放在一起看却很有意思。

一位读者在广州的私企做外贸，五月因为疫情失业回了老家，在五线小城里一直没找到合适的工作，父母对他回家的态度已经从欣喜变得平淡，甚至变成了嫌弃。

也不是那种唠叨“你睡得晚起得晚，不锻炼不吃早饭”的关心，而是更赤裸裸血淋淋的“有手有脚还要靠父母养，我们是造了什么孽，生了你这么个儿子”。

他又是委屈又是气愤，早两年公司生意好的时候，哪年回家不是大包小包外带大额现金红包，不过才失业了大半年，就已经从父母眼里的“宝贝疙瘩”成了“孽子”。

他真的太心寒了，原来最亲的人之间也这样斤斤计较。

另一位读者是个女孩，因为大龄且单身，这几年没少被父母唠叨。上个月父亲六十大寿，她特意早早预定了昂贵的按摩椅，还准备请假专程回家一趟。

她不常回家，本以为父母听到这个消息会非常开心，结果却在电话里遭到二老的百般阻拦，她以为是家里出了什么事瞒着她，差点儿就订了当晚的机票回家。

母亲眼看越拦越拦不住，这才偷偷告诉她实情，原来父亲过寿的时候要请好多亲戚和朋友，如果她在场，肯定会有很多人问起她大龄未婚的事儿，父亲觉得脸上挂不住，所以才千方百计不想让她在场。

“你爸难得高兴一次，你就别回来给他添堵了，啊。”

那句“啊”像是一声重锤，瞬间就砸得她抬不起头来。

她跟我说起这件事的时候已经过去了十几天，可每每想起来还是觉得想哭。

原来她的努力、她的孝顺、她的付出、她的成就，他们统统看不到也不关心，他们在意的，不过是她老大年龄还嫁不出去，在亲朋好友面前丢了他们的脸。

不是说父母对子女的爱是最无私、最没有条件的吗？

我看到这两条私信的时候，不知怎么就想起了卡夫卡的《变形记》。

第一次读这本书的时候我上初中，把它当作一本科幻小说来读，一个人一觉睡醒忽然变成一只大甲虫，多有意思。

第二次翻开它的时候是上大学，在轰隆隆的绿皮火车上，义愤填膺地替格里高尔抱不平。

他那么拼命工作养家，不过是因为变成了甲虫，就遭到家人的嫌弃，他变形之前对妹妹那么好，可妹妹只想着如何摆脱他这个大累赘。

这些人太坏，太冷漠，太没有良心。

去年机缘巧合，再次翻到《变形记》的故事时，看到更多的是一家人的不得已。

平白变成大甲虫的格里高尔当然无辜且委屈，但他的家人又何尝不是？

格里高尔变成的甲虫吓走了房客，加上他无法去上班，家里一下子就失去了大部分收入。

他母亲每晚都要在灯下弯着腰替时装店缝制内衣来补贴家用；他妹妹白天要去做售货员，晚上还要学速记和法文，以便找一份工资更高的工作；父亲每天早晨六点就得起床，替银行的小职员买早餐。

“这个家里人人操劳过度，疲倦不堪，除了非做不可的事之外，谁还有时间来多照顾格里高尔一点儿呢？”

卡夫卡在故事中写。

噩运从来都不是单单属于某个人的，被它裹挟其中的，也有这个人周围所有人的命运。

也像极了蒲松龄《促织》那个故事。

穷秀才成名唯一的儿子，因为弄死了爸爸好不容易抓到的蟋蟀跳井自尽，只剩下了一口气。夫妻俩却“亦不复以儿为念”，为了应付朝廷的苛政，当天晚上就跑去抓促织。

什么才是现实？这就是现实，孩子就剩下一口气了，父亲还是要去逮蟋蟀。

苛政猛于虎，最难的不是刀山火海，而是明天怎么生活。

我有时候想，如果格里高尔有家财万贯，住在金碧辉煌的城堡，请得起最专业的管家，不用为生计和前途担忧，他们未必就不会对他好一点儿。

毕竟在一开始的时候，妹妹也曾经很细心地为他准备不同的食物，帮他的房间清理和通风。

如果成名是个有权有势的人，能不受酷吏的压迫，他未必就不会把全部心思都放在儿子身上。

那毕竟是他唯一的骨血啊，也有过“夫妻向隅，茅舍无烟，相对默然，不复聊赖”的痛苦时刻。

可格里高尔没有，成名也没有，他们的遭遇，不过像是叶思芬的那句话：

人伤心到极致的时候，觉得自己再也不要活了，可是隔没多久，肚子饿了，还是得吃，这就是人生无奈的地方。

哪里存在什么无条件的爱呢，在生计面前，在现实面前，一切的一切都得让步。

人从来都不是因为这具肉身凡胎而被爱，而是因为围绕在“自我”

周遭的价值而被爱的。

无论能提供的是社会价值还是经济价值，我们每个人，其实都是因为先“有用”，能创造出某种价值，才变得“有意义”，并且以这个意义为条件，得到他人的爱。

这当然是很无情也很冰冷的说法，但认清了这个现实，或许能让我们变得不那么贪心地渴望什么“无条件”。

爱是那么珍贵且易碎的东西，想要得到它，维持它，你就得不断创造更多的价值来给自我加码。

比如赚更多的钱，有足够的积蓄，让你即便待业在家，也不需要靠父母的养老金过活。

比如提供更多的便利，用这些跟你无法提供的陪伴做对冲。

比如提供更好的“情绪价值”，让人觉得即使你没钱没权，跟你在一起也很快乐。

再退一步讲，就连能登上新闻的那种“不离不弃”，常常也是因为选择坚持的这个人曾经得到过很好的爱，培养出了很坚毅的意志，或者接受过良好的教育，拥有一个充满支持的社交圈。

那些也是条件啊，只不过那些条件，来自另一个人在更早一些时候的选择。

从这个意义上来讲，接受更好的教育，遇到更好的人，赚更多的钱，得到更持久的爱，才是开启一段正循环人生的密钥。

别奢望，但也别失望。

谁不是很努力地生活，才能被一直爱着呢？

《倾城之恋》张爱玲

读懂了它的悲凉，才明白张爱玲的清醒

《倾城之恋》是喜剧还是悲剧，不同年龄段的人也许会给出不同的答案。

我上大学的时候第一次读这本小说，看完之后脑海里只剩下一个词——圆满。这词也不是我的，而是张爱玲自己亲笔在小说的结尾写下的：

> 到处都是传奇，可不见得有这么圆满的收场。

有多圆满？

遇人不淑的白流苏，离婚后在娘家待了七八年，蹉跎到二十八岁，自己带回来的钱被娘家哥哥折腾得一干二净不说，还备受家人排挤。

走投无路时，她莫名其妙地被花花公子范柳原看上。范柳原将她带到了香港，两人谈情说爱，过得好不惬意。

花花公子毕竟是花花公子，谈恋爱时百般浪漫，结婚这件终极大事却绝口不提。她使过小性子，装过病，甚至欲擒故纵跑回了上海，都没能从他嘴里得到一句地久天长。

可她的娘家终归还是待不得，第二次去香港的时候，她甚至已经做好了要给范柳原做情妇的准备。就在他因为公事要远赴英国，而她担心他是否会变心时，战争开始了。

每天都有人失踪，每天都有人死去，在兵荒马乱的年代里，地位、财富，甚至是爱情，都是不可靠的。他们能抓住的只有身边的这个人和眼下的这一秒。

于是两人决定结婚，白流苏成了范太太，有了财富、地位傍身，也顺利地摆脱了娘家的泥潭。

历尽波折，她终于如愿以偿。

“一个大都市倾覆了，成千上万的人痛苦着，也许就因为要成全她。”这种“玛丽苏文学”一样的情节，让无数少女歆羡不已。

这是十几岁时我眼中的《倾城之恋》，今年重新翻开这本小说时，却有了一种说不清的怀疑。

是啊，她嫁了，从白小姐成了范太太，我们觉得她好幸福。

然后呢，战争总会过去，生活迟早会回归正轨，到了那个时候，白流苏还能继续幸福下去吗？

并不见得，白流苏和范柳原的结合，是情境，而不是情谊的产物。

白流苏从头到尾要的不过是一个“范太太”的身份，她在娘家没有活路，在外面也不见得会有，用她自己的话来讲，就是：

有活路我早走了，我又没念过两年书，肩不能挑，手不能提，我能做什么事？

在范柳原出现之前，她唯一的选项是一个带着五个孩子、在外面有情妇的鳏夫。范柳原的出现，对于白流苏像是一根救命稻草。

谁会在意一根稻草长什么样、是什么性格、喜欢什么又想做什么呢？她只要抓住，牢牢地抓住它就够了。

因此他们的恋爱也总是显得怪异，无论他说什么，做什么，她心心念念地只有“他是不是只想玩玩”和“他不娶我怎么办”。

范柳原说：“如果你认识从前的我，或许会原谅现在的我。”

而白流苏答的是：“初次瞧见，再坏些，再脏些，是你外面的人，你外面的东西。你若是混在那里头长久了，你怎么分得清，哪一部分是他们，哪一部分是你自己？”

他给她讲《诗经》，“死生契阔，与子成说”，可她不过才听了个开头，就匆匆打断他：“我不懂这些。”

她不懂他，甚至压根儿懒得去懂。这首诗的浪漫哀婉和身不由己，被她解读成了："你干脆说不结婚不就完了，还得绕着大弯子……你这样无拘无束的人，你自己不能做主，谁替你做主？"

我有时居然忍不住为范柳原惋惜，一腔诗情画意，换来的是这样的不解风情。

她不在乎他，不在乎自己是否爱他，甚至都不在乎自己是否被爱，白流苏心里只有一件事——娶我，娶我，娶我。

其实，哪怕不是范柳原，换任何一个人，白流苏的反应也不会有太大的不同。只要成为"太太"，就足以在娘家扬眉吐气，在社会上立足。至于这个太太的称号前冠上谁的姓，一点儿都不重要。

在兵荒马乱中，他们可以抛却心机和算计，做一对最平凡的夫妻，可之后呢？

当生活重新归于平静，范柳原是否会意识到自己娶进门的，居然是这样一个无趣的女人？到了那个时候，他会不会后悔，他会如何待她？

小说的结尾已经揭示了端倪：

柳原现在从来不跟她闹着玩了。他把他的俏皮话省下来说给旁的女人听。那是值得庆幸的好现象，表示他完全把她当自家人看待。

听上去多熟悉。

先是客气相对，然后是无话可说，他在外面拈花惹草，她在家里聚集一帮妇女聊天打牌，没有相似的爱好，没有共同语言，慢慢活成了合租室友。只有在为数不多的正式场合才需要手挽手出现。

从白流苏的时代到现在其实从来都没变，嫁出去始终是一个女人成功的标志，若是这男人长得不差又多金，女人就有足够的理由趾高气扬。

可这样的结局，真的算是幸福吗？

这才是《倾城之恋》里最难回答的一个问题，它点破了所有女孩内心的那点儿虚荣与虚弱：

你为什么会走进婚姻？你选择的那个人，是出自真心的爱与欣赏，还是不过因为要依靠他把你拉出生活的泥潭，在人前充充场面。

如人饮水，冷暖自知。

不知道故事里的白流苏，会不会在深夜等着范柳原回家的时候，忽然望着窗外的月色发起了呆，忽然开始向往另一种生活。

没有人知道她最后会活成怨毒的曹七巧，还是洒脱的王娇蕊。

胡琴咿咿哑哑拉着，在万盏灯的夜晚，拉过来又拉过去，说不尽的苍凉的故事——不问也罢！

不问也罢。

《看护杀人》

［日］每日新闻大阪社会采访组

留一片阴影给自己藏

2014 年春，日本大阪。

一位女子将数粒安眠药溶进水杯，喂给了瘫痪在床的母亲。然后去厨房拿了一把锋利的刀，对着母亲用力刺下，刺了数刀之后举刀自杀，被及时赶到的前男友送医救下。

早苗的母亲胸腹部一共被刺了四刀，当场死亡。

然而，已经瘫痪在床近十三年的她，身上没有一处褥疮。

这个片段来自一本纪实文学书——《看护杀人》。书里的所有事件都是真实发生过的新闻，都是有关看护者杀害被看护者的记录。

丈夫杀掉相伴了半个世纪的妻子，母亲亲手掐死患有脑瘫的儿子，仅仅在 2010 年到 2014 年间的大阪，类似这样的人间悲剧就发生过四十四起。

我在正午的阳光下看完了这本书，阳光温暖，却不寒而栗。

让我恐惧的原因其实无关惨案本身，而是这些加害者的邻居和好友在悲剧发生之后接受记者的采访时，几乎都会异口同声地认定："他/她真的是个好人。"

有多好呢？

开头那起案件中的女子，她母亲在一场车祸中变成了植物人，在医院住了整整两年，依然无法恢复语言和运动能力，只有能轻微活动的右手可以昭示生命的迹象。

她的家庭没有什么经济压力，即便如此，她还是不顾父亲和弟弟的劝阻，坚持要把母亲接回家，自己亲自照顾，理由也很简单："医院的看护无法做到无微不至，有时候甚至很粗糙。"

为了更好地照顾母亲，她辞掉了工作，跟男友也分了手，全心全意投入到母亲的看护中，每天从早上四点坚持到晚上十点，一做就是十多年。

在这十多年间，她从未睡过一个好觉，没有在外住宿过一天，没有旅行过一次，逐渐跟所有的朋友都断了联系。

像是一根紧绷的皮筋，终于在某个瞬间绷断。案发前四个月，她忽然陷入重度的抑郁，身体不听使唤，食不下咽，一个月内体重下降了十公斤。

"感觉自己到极限了，"她在法庭上讲述了当时的心情，"如果和妈妈一起死的话，我们就都能解脱了。"

案发时她四十六岁，当她决定要放弃一切回家照顾母亲的时候，也不过是三十刚过半的年纪。她的父亲和弟弟曾经屡次劝她将母亲送进护理机构，可她都拒绝了。

最终却是最无微不至的她，亲手终结了母亲的生命。

不只是她，这本书里的每个人，几乎都经历了从“无微不至”到“痛下杀手”的极端转折。

疲劳与单调如同一根巨大的抽水管，一刻不停地从他们身体里抽走能量与活力。而为了照顾病人，斩断了与外界一切联系的看护者的人生，早已成了不断萎缩的一潭死水，注定会干涸。

我在看这本书的时候忍不住感慨，要是他们都能自私一点儿该多好，每个月把家人送进护理机构待几天，自己也去逛逛街，跟朋友聊聊天。

永远把自己放在第一位，而不是不计代价地为另一个人付出。

我也知道，这样的价值观在亚洲传统文化的视角中，是近乎不可思议的冷漠。

就算有人能侥幸说服自己，也扛不住周围人指指点点的明枪暗箭。

可我们拥有的选项，其实并不只是“做好人“或“做坏人”这样简单的二元对立。

原本的题目，其实是“你愿意一直做个 80% 的好人”，还是“做 100% 好人，但只能坚持一段时间”。

周末看了一部电影，叫《阳光普照》。电影里的父亲有两个儿子，不同于劣迹斑斑的小儿子，大儿子阿豪是个好孩子，聪明温顺，品学兼优，从小就是全家人的希望。

阿豪的同班女同学评价他说："他对所有人都很好，有时候太好了，忘了留一点儿给自己。"

就是这样一个让人人满意的好孩子，在一天晚上，忽然从家里的窗口一跃而下。

跳楼之前，他还整理好了自己的房间，把被褥和书桌收拾得整整齐齐，似乎不想给家人留下一点儿麻烦。

如果你也曾经体会过那种所有人的希望如同聚光灯一般，将你钉在原地动弹不得的感觉，你一定能理解阿豪死前发的那条短信：

这个世界，最公平的是太阳。不论纬度高低，每个地方一整年中，白天与黑暗的时间都各占一半。

前几天我们去了动物园，那天太阳很大，晒得所有动物都受不了，它们都设法找一个阴影躲起来。我有一种说不清楚模糊的感觉。我也好希望跟这些动物一样，有一些阴影可以躲起来。但是我环顾四周，不只是这些动物有阴影可以躲，包括你、我弟，甚至是司马光，都可以找到一个有阴影的角落，可是我没有。

我没有水缸、没有暗处，只有阳光。二十四小时从不间断，明亮温暖。

当一个人只被允许站在阳光下时，往往意味着他真实的自我陷入了永夜。

不能犯错，不许疏忽，一步也不能踏偏，每分每秒都如履薄冰。

那是种无法想象的沉重内耗，没有任何一种意志力能在这种长期的隐秘战斗中幸存。而这或许也就是没有人可以永远“做 100% 好人”的原因。

能让你满血归来的，其实从来都不是什么正能量。

允许自己自私一点儿、坏一点儿、任性一点，有一些坏习惯，不那么正确，才是在巨大的压力下可以供你我藏身的阴影。

我有时候觉得，近几年越来越多的人陷入抑郁的原因，或许就是因为整个世界都在强迫你成为完美的人。

管不好身材就管不好人生。

有修养的人都能控制情绪。

满足于平庸是种病，得治。

这些都像是一面面放大镜，把阳光折射进你的人生，消灭每一片本可以供你藏身的阴影。

但不要，不要任由它们得逞。放弃做个完美的牺牲者，去做一个真实且快乐的人。

我们永远会有向更高、更明亮处的向往。

也永远要允许自己有阴影可以藏。

《麦田里的守望者》

[美]J.D.塞林格

那些愤世嫉俗的孩子，长大后都去了哪里？

周末小侄女来家里玩，书包还没卸就开始嚷嚷：“我太讨厌我同桌了，当个流动班长都要显摆，其他人领早读都是好好地念课文，就她了不起，还要给大家补充课外的内容，显得比别人都懂得多似的。”

他们班采用的是一碗水端平的流动班长制，眼看下周就要轮到自己，她早已经摩拳擦掌地等着接班，没想到半路杀出来这样一个抢风头的劲敌。

珠玉在前，自己的中规中矩很容易就会被比下去，眼看周一就要接班，她又是着急又是生气，一腔火全都撒在她同桌身上。

“那你也可以给大家讲一些课外知识呀，她讲字词的读音，你讲故事，不是更有新意？”我说。

“我才不学她呢，”小姑娘骄傲地别过脸，“我同桌就是爱装，爱显摆，整天都是这么假模假样。”

说完觉得不解气，她还要一本正经地强调：“我最不喜欢语文课了，我压根儿就不想领读，无聊死了。”

后来这个话茬儿被吃饭岔开，她刚一放下饭碗就一头钻进书房，自己捣鼓了好长一段时间才拉我进去。

明明满脸都写着“我有事找你帮忙”，偏偏还要东拉西扯半天，才扭扭捏捏地指向写字台上的一张纸：

“下周要学一篇跟月亮有关的古诗，我还找了其他的两首，你学过吗？”

那张纸上整整齐齐抄着两首诗，难读的字标上了拼音，不太懂的地方用铅笔打了个轻轻的问号。我假装什么也没看出来，跟她聊了些关于这两首诗的内容，末了还是忍不住想逗逗她：“你不是说你不喜欢语文，也不想学你同桌吗？你找这两首诗干吗？”

小姑娘的脸一下红到了耳朵根：“我闲得无聊，就看看，看看不行吗？”她一边说着一边推我去客厅看电视。

我看着她矛盾至极的样子，实在忍不住想笑。

谁说孩子不会作假的来着？

只不过是成人总标榜自己的好与善，而孩子更喜欢扮演浑不吝的恶。成年人总假装什么都关心，孩子们假装什么都不在意罢了。

我是在重翻《麦田里的守望者》时，忽然想起了这段小事的。

还有比小说里的霍尔顿更别扭的年轻人吗？

逃学、撒谎、满嘴脏话、招妓，一副愤世嫉俗、对什么都看不惯的样子。你要是在街头遇见他，一定会把他当作一个心术不正的坏小孩。

我在十几岁的时候看这本书的时候，曾经非常看不惯霍尔顿的粗鲁。奇怪的是，到了三十岁的当口再读，满纸却都成了柔软。

霍尔顿才是那种真的热爱这个世界的人。

可世界总会常常让年轻人失望。对于大多数对世界没那么热爱的人，被生活推个跟头，不过就是拍拍身上的土站起来换条路再走，可对于“爱的深沉”的霍尔顿，生活出的任何一记歪招，对他都是致命的打击。

他最喜欢的小弟弟艾里死了，他最在意的女孩简在跟一个“渣男”约会。

他以为最宁静的校园，同时也上演着最残酷的校园暴力。他以为正直的老师和校长，一个个都明哲保身、无动于衷。

他以为深切的同窗情谊，其实也不过是铁石心肠。

越是在意的人，受到伤害时才觉得越痛。霍尔顿的世界里，每件事都是重中之重，重到他根本无法直视它们的存在，以至于必须要摆出一副浑不吝的样子，才能有勇气面对。

书里有个细节，是霍尔顿喝了酒之后鼓起勇气招了一个妓女，可在女人脱衣服的时候，他看着她的背影差点儿难过地哭出来。

“她去纽约的商店里买衣服的时候，售货员会怎么对她呢？在那里应该没人知道她是妓女吧。”他想。

霍尔顿用愤世嫉俗和满嘴脏话做成了一个壳，用这个看似冷硬的壳去对抗世界，保护着最柔软、最敏感的一颗心。

霍尔顿从离开学校那一刻起就一直惦记着年少的朋友简，想给她打个电话聊天。

可越是在意的人，也就越不敢去打扰，越是想去做的事情，就越习惯性地往后拖延。

他在酒吧跟人搭讪，跟自己并不喜欢的女孩约会，在纽约的街头闲逛，好像已经把简抛在了脑后，好不容易把自己灌醉拿起了话筒，又打起了退堂鼓。

“跟简那个妞儿也没什么好说的。”他安慰自己。

是真的没什么好说的，还是什么也不敢说？

我看到那一段的时候忍不住合上书，想起上中学的时候，我短暂的暗恋过的男同桌，短暂的原因并不是我薄情，而是他在某个学期开学的时候，连招呼也没打就转学去了外地。

那个年代可没什么微信，连手机都是父母的专利，转学基本上就等同于失联。再看到他，已经是上了大学，过年回家参加中学同学聚会的时候。

那么乌泱泱的一堆人，我一眼就看见了他，整颗心都激动得要蹦出来，可我还是假装没看见的样子，大声跟其他人寒暄。

直到他走过来跟我打招呼，我还要装出一副连他名字都想不起来的健忘样子。

“原来你都不记得我了。”他有点儿落寞地笑了笑。

“后来换了太多次同桌，根本记不住了哈哈。”我继续嘴硬。转过头去跟另一个我上学时就不太喜欢的女同学聊天。

她好像一直在跟我推荐她代销的一款面膜还是洗发水，可我压根儿一个字也听不进去，每个毛孔都像是开了雷达，在搜捕他的踪迹。

我知道他在我身边站了一会儿，然后走开去跟别人说话，聊的是足球，吃了几块鸡肉，微笑着说“我不喝酒”，然后提前离开了。

那是场两个多小时的无聊聚会啊，可我居然没有去跟我喜欢的人说上一句话。

人就是这么奇怪的动物，无论如何也不承认自己别扭，直到被另一个人的别扭打动，才明白自己也有过同样的特质。

或许每个人都曾经是霍尔顿，柔软又敏感，假装愤怒，把自己藏在冷漠的甲胄里。

但每个霍尔顿都会成长为很好的大人，与孤独和解，与愤怒和解，接受生活的不完美，也原谅自己的不勇敢。

他会站在麦田里的悬崖边上，把每个乱跑着、不小心靠近悬崖的孩子推回去，做永远的守望者。

不要忘了你曾是怎样的少年，不要忘了你想成为怎样的大人。

这是每个年轻的你，希望自己长大之后还记得的事。

《老人与海》

[美]海明威

人生中那些无解的事

我见到小南的时候，已经是晚上十点。

她窝在卡座的一个角落里，像是给雨水淋湿的猫，抬头看着我苦笑。

“又动手了？”她胳膊上可疑的青紫泄露了一切。

“我想着先回房间，可他力气那么大，我根本拉不住门……”

并不是最近一两天才有的意外，早在他们恋爱的时候，他就是只要情绪上头，就可以气急败坏当着一大帮朋友对服务员破口大骂的那种人。

他们谈了三年恋爱，朋友间的传闻就包括但不限于“吃烤串的时候掀了人家的调料台”“今年摔坏的第二部手机”，以及被很多人目睹过的，把茶杯砸在小南身上，或吵得特别激烈的时候扇她耳光。

下手还算有分寸，再加上不发作的时候也有不少温存和默契的时刻，她无论如何都舍不得分手，于是绞尽脑汁地想要好好沟通。

有关情绪管理的书不知道看了多少，去找过心理医生咨询，聚会时必问的一个话题是“你觉得我怎么做更好”。

像个采了一大筐神奇蘑菇的小姑娘，每次吵架都拿出筐里的一个，满怀希冀地盼着某一个能把面前中了魔咒的野兽变回男朋友。

她已经说完了今日争吵的始末，开始了新一轮的自我检视和寻求意见。

“你觉得如果我当时这么说是不是更好？”

“我不应该立刻反驳他的。”

“我应该怎么让他知道我的感受，但又听上去不像是指责？”

小说里多的是这种奋不顾身的女主角，为了心上人去找全天下最珍稀的药草，无论历经多少风波与误会，最后总能如愿以偿，救回自己的心上人。

故事总是太圆满，以至于每一次失败都被解读为“还没到时候”。

再换种方法，再努力一点儿，再尝试一次。

于是相处的压力成了当事人对自己的指责：一定有什么更好的方法是我不知道的，我怎么那么笨。

承认再努力也是徒劳，大概是人生中最无奈的事实。

这句话是我在重新翻着《老人与海》的时候，忽然跑进脑海里的。

那也是再熟悉不过的故事。

一个连续八十四天都没有捕到鱼的老人，在第八十五天出海的时候捕到了一条很大很大的鱼。

老人在海上跟这条鱼周旋了三天两夜，弄伤了手，喝光了水，只能抓几条小鱼生吃勉强填饱肚子，好不容易才熬死了鱼。他把它绑到了船尾，血腥味又引来了鲨鱼群的“光顾”。

老人选择了跟鲨鱼搏斗，毁了鱼叉，丢了刀子，就连船桨也在驱赶鲨鱼的时候断成了两截。他穷尽了一切努力，最后靠岸时却只剩下了一副鱼骨头。

这哪里是一个人不屈不挠的应对挫折的励志故事呢，分明是一个人穷尽了一切努力，得到的依然只有失败的残酷现实。

就连那句流传甚广的励志金句“人可以被毁灭，却无法被打败”，也在小说最后被老人亲口推翻，“它们把我打败了，蒙罗利，”他说，“它们确实把我打败了。”

但承认自己被打败就不励志了吗？

我更喜欢的，是老人拉着那条鱼的残骸回家时的一段。

他忽然意识到小船这时候驶起来多么轻松……船还是好好的，它没受一点儿损伤真的太好了……大海真是我的朋友，嗯，还有床，床啊，可是件了不起的东西。不管在哪里吃了败仗，上床都是很舒服的……

是啊，失败了。

但又怎么样呢，床还是很舒服，人还是要睡觉，而明天醒来，又是新的一天。

我也是在这几年里，慢慢学会了接受“努力而不得”的现实。

生活不是故事里单纯的线性积累，不是你只要努力努力再努力地背单词，就能从不起眼的前台小妹变成公司的总监，也不是只要让自己变得优秀优秀再优秀就能得到一个人。

那些无解的事太多了。

见过爱而不得的偏执。见过总是不死心，因此没有底线的牺牲。见过为了去心仪的学校，整个人都像是卡壳的磁带一样年年失利年年复读地死磕。

他们需要的并不是“加油”“再努力一点儿就会成功”的鼓励，或者是一个所谓“更好的方法”，而是一句：“如果不行，那就算了吧。”

他不爱你，你改不了他，你只是没有得到自己想要的东西，不存在更好的方法。

人生中有那么多“意难平”，只有认命地说了“算了”之后，才能放得下。

海明威笔下最可贵的，不是老人为了得到一条鱼付出的所有努力，而是在他失去了那条鱼之后，坦然接受了命运的捉弄。

他只想好好睡一觉，等休息好了之后，跟自己忠实的小伙伴一起出海。

要允许自己被击败，才能看到自己爬起来。

生活中多的是无解的事，但你的人生也不只有那些事。

没什么大不了的，真的。

愿丢了鱼的你也能梦见狮子。

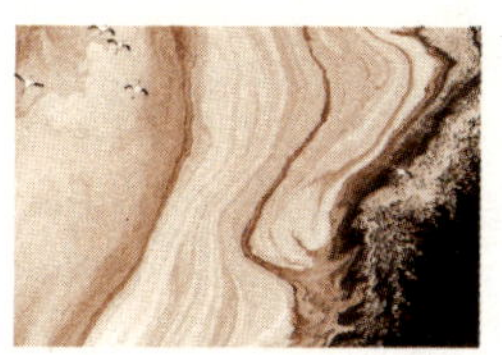

山前偶相见，山后又相逢。

于 阅 读 中 唤 醒 自 己 。

《水浒传》［明］施耐庵

系列1 宋江又丑又㞞，还没本事，凭什么拿下梁山泊第一把交椅？

想象这样一个场景：

你是一家国企的小员工，因为贪杯得罪了大老板被排挤出局，辗转到了一家初创的私企谋生。小私企的老板认出你曾经是他的恩人，一见面就要把自己的位置让给你，你接不接受?

不接受吧，自己一腔抱负不甘心屈就他人之下，还指望着干出点儿轰轰烈烈的成绩，让前东家刮目相看，请你回去。

接受吧，一上来就夺人权柄肯定得罪人，人家的原班人马你也不一定管得住，万一闹出什么员工集体辞职的事，你也吃不了兜着走。

这个两难的困境，就是宋江被迎上梁山泊时面对的场景。

梁山泊当时的首领晁盖，宋江对他有活命之恩。晁盖虽然谦让，以吴用为首的原班人马却还是将信将疑。

这新老板真像别人说的那么好吗？他会不会偏心自己的心腹，给我们小鞋穿？

这种权力更迭伴随的震荡非常可怕，一不小心，梁山泊这个初创的公司就可能会因为内讧散伙。

宋江也明白他们的顾虑，于是坚持不肯接受晁盖的谦让，只坐了梁山泊的第二把交椅。

可别觉得这是个好位置，在初创企业里，二把手的位置其实是最尴尬的。

战略战术，有大老板在上面制定，执行落实，下面又不缺人手，由于公司体制还不完善，员工完全可以直接向大老板汇报。第二把交椅看上去不错，但只有坐在上面的人才知道那是怎样的冷板凳。

什么也不做，等于放任自己被架空。

若凡事都积极，又容易跟大老板产生理念上的冲突，激化员工的矛盾。

就是这么一个尴尬又受气的位置，宋江一坐就是好几十章回，他完美地避开了二把手容易遇到的所有陷阱，直到终于拿下第一把交椅时，梁山泊上下所有人都心服口服。

虽然有天魁星的头衔加持，但在最终的排位揭晓前，宋江自身的领导力也不容小觑。

先来看宋江其人，书中对他的形容，是一个“面黑身矮，其貌不扬”的汉子，抛却爱结交江湖好汉这点的话，基本上就是一个略高配版的武大郎。

宋江喜欢枪棒，但武艺平平，别的头领都自己上阵杀敌，只有宋江每次出场，都要被好几个人保护着。

虽然精通文吏之事，但对兵法布阵一窍不通。几乎宋江参与的每一场战斗，都要“大惊一场”“措手不及”，全靠吴用在一边出谋划策、调兵遣将。

为什么偏偏是个人魅力一般、能力平平、胆子还小的宋江收服了所有好汉的心呢？

仔细看看宋江上位的历史，你可以发现三个明显的特征。

回到宋江刚上梁山泊的那一天，就发布了有关“晁盖为尊”的声明。

宋江很精明的地方在于，他的姿态永远是很软，很没有攻击性的。就连他架空晁盖，不让晁盖下山参与战斗的时候，他说的也是“哥哥是山寨之主，不可轻动”。

实际上，他的手段又非常果断，从坐上第二把交椅开始，抓的就都是大权。

比如人事调动，把水浒众人分成几个大寨，增设三处酒店打探军情，给每个头领安排一个部门各司其职。

比如纪律法度，什么人可以劫，什么人可以杀，哪一类人必须放走，不服从军令者怎么处理。

更重要的是，宋江牢牢把握住了站在一线的机会，凡战必下山，赢了就分钱分粮跟大家同乐，输了就流着泪挨个儿慰劳。

你要是基层员工，你是更亲近这个总是陪你加班、陪你挨打的老板呢，还是那个永远高高在上、发号施令的老板呢?

做小伏低拿实权，这是宋江拿下人心的第一步。

接着来看宋江在用人上的表现。

我们前面说了，宋江个人的文武并不出色，在战场上几乎就是个摆设，真正决定每场战争胜负的人，其实是军师吴用。

但吴用是哪一边的呢？开始的时候，他可是晁盖的心腹，跟宋江的关系不过是一句“久仰久仰”罢了。

这正是很多二把手夺权的时候最容易犯的错误，因为忌惮大老板，索性就提防他手下的所有人，把跟大老板有关的整个体系都连根拔除，全都换上自己的人才心安。

但宋江非常聪明，他并没有排挤吴用，而是选择了瓦解吴用和晁盖之间的利益结合部。

你不就是想把梁山泊做大吗？我也是啊。

你要的不就是全部的信任吗？我也能给啊。

我甚至可以比晁盖对你更好，你看我打仗不怎么行，真的离不了你。

这样的姿态很快就将吴用从晁盖的身边挖了过来，成了他自己的头号心腹。

用人不疑，说起来是一件很简单的事，但想要做到真的很难。

谁不希望彼此的靠近是出于真诚的互相吸引呢？但你想做大事，就得逼着自己把注意力从人际关系上移开，转移到事情本身上。

这个人之前是谁的人并不重要，关键是看他能否帮你成事。

但宋江并不是个真正无私的人，他重用吴用，一视同仁地对待之前晁盖手下的所有人，但这并不意味着他没有自己的心腹。

头号心腹李逵，二号心腹武松，三号心腹呼延灼，宋江对这些心腹力量的保护可以称得上严密，根本不给晁盖留下跟他们单独相处的机会。

心腹跟普通员工可不一样，普通员工的心态是：谁领导我都可以，让我干啥我干啥，这事儿万一对我不利，我就撤了。

但心腹呢？心腹是那些非你不认、愿意为你出生入死、已经把私人情感融入工作日常的人，李逵那么粗鲁一个汉子，都几次三番表白“哥哥若要杀我，我也愿意”。

有了这股中坚力量，宋江才能腾出手来去建设外围。

所以晁盖有多惨呢？

被架空了那么多年，好不容易强行争取了一个下山的机会，第一仗就中了毒箭，哪怕他还在军中，呼延灼直接就当着他的面说“需等宋公明哥哥将令来，方可回军”。

直至晁盖毒发身亡，宋江终于坐上了他心心念念的第一把交椅，有了跟朝廷谈判的力量和地位。

风光吗？成功吗？可我看到这一段，常常觉得宋江才是《水浒传》里最可怜的人。

他跟晁盖那种“落了草就能安心当土匪”的人不一样，跟卢俊义那种享过福，只要有一个燕青在身边，随便什么生活都能过的人也不一样。

宋江要的很简单，他从头到尾想的就是招安，想宋朝给他一个机会建功立业，在体制里流芳千古。

他机关算尽一步步往上爬，做了那么多肮脏的事，用了那么多龌龊心机，不过是想要换取一个回到体制内的资格而已。

但这也是他的悲剧所在。

他心心念念想要回归的体制里，早已经没了他的容身之处。

他内心并不认同土匪的行径，却不得不靠它为自己积累资本。

想追求的，总是得不到；想摆脱的，偏偏离不得；他擅长的，偏偏是连他自己都看不起的。

这才是一个人最痛苦，也最无奈的挣扎。

像极了那首《念奴娇·天南地北》：义胆包天，忠肝盖地，四海无人识。

机关算尽终成空，人生一场大梦。

《水浒传》［明］施耐庵

系列 2　为什么要远离宋江这样无条件对你好的人

跟一位朋友聊起成年人的友谊，她跟我说了这么一件事。

前段时间不是口罩紧俏嘛，她跑了好几家药房都买不到，绝望地发了一条朋友圈，说不敢出门，瑟瑟发抖。

回应的声音大多只是表示同情，可有位多年没联系的老同学立刻私聊她：我家里买得多，可以给你分一包，你是不是还在老地方住？待会儿我路过那边给你送过去。

有了口罩这块敲门砖，她们每天都要聊一会儿，热络得仿佛要把这么多年错失的友谊都补上，就在她暗自感慨“衣不如新，人不如故”的时候，老同学开了口：

“我看你之前的朋友圈，不是说你男朋友是做室内设计的吗？我今年刚好有套房子要装修，还没找着人，你让他帮我出个图行不？”

就像一只无比甘美的苹果里忽然冒出了半条虫，她看着那条微信，只觉得想笑又想哭。

倒不是因为男朋友的图有多千金难求，不过是为自己的天真感到难过。

还真的以为有什么无瑕情谊，还信什么“喜欢她因为她是谁，而不是她有什么”的童话逻辑，不过是对方早就知道能用得着她，才愿意出手相助。

什么真正的友谊，不存在的，成年人之间只有互相利用。

真的有什么对人予取予求，而且对对方毫无所求的人吗？

我想到的却是《水浒传》里的宋江。

宋江对人能有多好呢？

但凡来投奔他的，无论地位高低，他都笑脸相迎，书中对他的描述称“终日追陪、并无厌倦，若要起身，还尽力资助”。

想想看，你去宋江家做客，人家不仅热情地招待你，管吃管住，还放下工作天天陪着你嘘寒问暖，临走还要送你路费。更重要的，是他对你的态度一如初见，从来不给你脸色看。你感动不感动？

在《水浒传》的世界里，招揽人头容易，但知心难，比如家大业大的柴进就是个反例。

宋江第一次被流放的时候在柴进家遇到武松，武松正可怜巴巴地用锨牛着一丛火在走廊里缩着取暖，宋江不小心踩翻了他的锨，被武松当胸揪住，旁边打灯笼的庄客赶快来劝：“不得无礼！这位是大官人的亲戚客官。”

武松冷笑了一声：“客官，客官！我初来时，也是客官，也曾相待的厚。如今却听庄客搬口，便疏慢了我。正是人无千日好，花无百日红。”

待人好容易，一直待人好却非常非常难，不然纳兰性德也不会感慨“人生若只如初见”。

武松和柴进后来形同陌路，哪怕最后都上了梁山，再也没有过一句对话，疏远得好像从来就没认识过。

相反，宋江则以他一以贯之的温暖打动了他，又是拉着武松的手将他奉为座上宾，又送盘缠又深夜谈心，还一里里相送长亭更短亭。

是以武松明明那么激烈地反对过招安，但当他的宋公明哥哥不顾反对一心要建功立业的时候，他也放弃了自己的立场，甘心跟宋江卖命，直到在打方腊时失去了一只胳膊。

再看宋江对李逵的包容，初见时又何尝不让人感动。

宋江和李逵一见面，一听李逵说缺钱，宋江就送了李逵十两银子。之后李逵拿这钱在赌场输光，宋江半句责备都没有。

李逵一指头将卖唱的歌女戳昏过去，宋江替他赔二十两，分手前，又给了李逵五十两银子。

按照当时的购买力，十两银子差不多就是一户普通人家一年的生活费了，而宋江在认识李逵的第一天，就为他花出去了八十两之多。

花钱还不算什么，宋江并没有一边替李逵擦屁股一边婆婆妈妈地劝他“你可都改了吧”。他知道李逵粗鲁，残暴，甚至有一点儿傻，但是他欣然接纳了他的全部。

还有什么朋友能做到宋江这种地步吗？

士为知己者死，这或许就是最后李逵明知道自己死于宋江之手，依然无怨无悔的原因。

但宋江真的是这些人的知己吗？其实不见得。

在喝下朝廷的那杯毒酒之后，宋江有一段很有意思的内心戏：

我自幼学儒，长而通吏，不幸失身于罪人，并不曾行半点异心之事。

什么是“失身于罪人”呢？

就是在题了反诗被朝廷追捕，被梁山泊好汉集体救上山之后的日子。

宋江从来就不是个真正的绿林好汉，哪怕坐上了梁山泊的第一把交椅，成了一百零八人之首，他也感觉只是“不幸”。

连心都不在一处，又能有多深厚的友谊呢？

宋江这一句话，让他所有的好都像是逢场作戏。

而你再仔细地看看他的好，其实也有让人百思不得其解的地方。

为了赚秦明上山，宋江和吴用派了一个人假装成秦明的样子在城外大开杀戒，因而当地的知府把秦明一家妻小全部杀死在城头，这才逼得秦明不得不反。

一边涕泪齐下对秦明表示欣赏，一边却从没把秦明一家人的命放在心上。

为了赚朱仝，他指使柴进将朱仝骗走，让李逵把朱仝看护的小衙内一斧劈成两半。

那个小娃娃不过才四五岁，穿一领绿纱衫儿，头上角儿拴两条珠子头须，跟朱仝一见如故，像亲生儿子一样缠在朱仝身边。

朱仝多喜欢那个小孩啊，可在宋江看来，也不过就是一块绊脚石而已。

这也是让我觉得宋江这个人极其复杂的原因。

一方面，他能对人极好，极有耐心又极其包容，连自己的神情和态度都控制得恰如其分，好像对方真的是他非常在乎的人。

另一方面，他一点儿也不把对方的感受放在心上。他不在乎秦明失去了一家老小有多悲愤，更不在意朱仝对小衙内是什么样的感情。

体贴得要命，但也冷漠得要命。

后来我才逐渐明白，这种感情其实不是友谊，更算不上是什么知己。

那只是一个人对另一个人的驯服而已。

对你好，对你毫无所求，像是糊人嘴的蜜糖，一层一层，让你不得不放弃自己的立场，不得不放下内心的恩怨。

毕竟人家都对你这么好了，你还想怎么样，你还能怎么样呢？

只有背着这份感情债，用血用命来偿。

征方腊之前，梁山好汉们就对朝廷的冷漠愤愤不平，只碍着宋江，还得继续为他们不认可的东西出生入死。

可人心的溃散，终究还是溃散了。

一场征方腊让天罡、地煞凋零大半，侥幸活下来的人如李俊、燕青，也终于能借此摆脱宋江的恩义债，一走了之。

我也是在这一处想通了所谓“友谊”的意义。

真正的友谊，或许本来就是互相有所求的，哪怕就是欣赏，也是建立在“对方有我看重的东西”上。

互相帮助，彼此借力，你有两个苹果，我交换两个梨。

俗吧，功利吧，但正是这俗和功利让你我平等。

毕竟友谊是两个人在茫茫世界里的互相支撑，而不是一个人对另一个的施舍和驯服。

《水浒传》［明］施耐庵

系列3　水浒里的王婆，可能也是红楼里的薛宝钗

不少女孩不喜欢看《水浒传》，理由也很简单。

水浒里有关女性的戏份也太少了吧，除了后期像从《封神演义》里穿越过来的琼英之外，整本书读下来，几乎没有什么女性的情节。

有也不过是寥寥几笔的龙套，既没得技能，也没得灵魂。要么像扈三娘一样稀里糊涂地加入了杀父仇人的团伙，要么就是像阎婆惜或潘金莲，为了找小白脸死于非命。

如果只看性别不看年龄，《水浒传》里的确有个占了整整三个回目的女性角色——潘金莲的邻居王婆。

王婆的出场平平淡淡，不过是武松回家的时候，潘金莲招呼武大“央隔壁干妈去买果子来”，一个普普通通的老妇人。

她是什么时候被推到聚光灯下的呢？是潘金莲按照武家兄弟的要求每天早早放下帘子，不小心砸到了西门庆的那一天起。

潘金莲美，即使是匆匆一瞥也足以让西门庆动心，他像只被烧着的黄蜂似的，一天往王婆这里跑了七八次打听消息。

西门庆想什么，王婆看得门儿清，但她并没主动跟西门庆挑明，而是跟他打起了哑谜。

他问潘金莲是谁，她便说：她是阎罗大王的妹子，五道将军的女儿。

他要王婆替他说媒，她便开玩笑，说要把一个“戊寅生，属虎的，新年恰好九十三岁”的老太婆凑给他。

他要走，她就淡淡地送，既不挑明，也不接茬儿。

直把西门庆急得往王婆门前来了七八回，买了她五碗茶不说，还许诺等王婆的儿子从远方回来，帮他在自己手下谋个生计，她才假装终于明白了西门庆的想法。

这一招就把自己放在了非常主动的位置上，这种两方都无法挑破的谈判局，谁先急眼谁先输，只有假装自己压根儿不在乎的人，才握得住最后的砝码。

而王婆的砝码的确是重头戏，那是可以称为“搭讪”始祖的“捱光十计”。

由王婆出马，请潘金莲帮忙做衣服，潘金莲答应了，就是第一分光。

如果她同意跟着王婆来茶坊做活儿，就有了两分，人坐定了，就是三分。

做衣服的第三天，西门庆来了，潘金莲不回避就是四分光。她自己再在旁边打打边鼓，说西门庆是个有钱的大善人，又提起潘金莲不小心用叉竿打了西门庆的事端。

既打了人家总得客气两句吧，于是顺理成章的接上话，就有了五分。

然后王婆再假装要出去买东西留二人吃饭，潘金莲不起身回家，这是六分，王婆走后她敢跟西门庆独处，就是七分光了。

如果她买了吃的回来，潘金莲肯跟西门庆同桌共饮，就是第八分。席间王婆要假装玩笑，把西门庆的家底和家室透露给潘金莲，直等西门庆说到“只恨我夫妻缘分上薄，自不撞着”的时候，再假装去买酒，让西门庆和潘金莲再次独处，潘金莲还不走，就有九分光。

就当旁观者都觉得水到渠成的时候，王婆还有最后一分光要凑：让西门庆假装把筷子掉到地上，弯腰去拾的时候，偷偷捏潘金莲的脚，她要是不喊，则凑够了十分光。

西门庆已经娶了大小老婆，但在高手王婆面前不过是小巫见大巫，也难怪要为之叫一声“虽然上不得凌烟阁，端的好计”。

这“挨光十计”步步为营，从找一个合理的由头，到让两个人接上头，一步步从陌生到熟悉，直到身不由己。

为什么要这么折腾一番呢?

一当然是谨慎，这种事总归见不得人，她总不能大大咧咧地直接跟潘金莲说：有人看上你了，你见不见?

哪怕潘金莲就是出于面子说个“不”，这话就没法再接下去了。

但王婆也有自己的私心，不这么折腾一遭，西门庆怎么知道她王婆的价值呢？

西门庆虽然有钱，但可不像宋江、柴进这种随意就能一掷千金，书中形容他的话是“悭吝”。

想从西门庆那里抠出点儿钱，不费点儿周折怎么能行。

王婆费尽心思辗转挪腾，从西门庆那里得到的是什么呢？

不过是一匹白绫、一匹蓝绸、一匹白绢、十两好绵，和十两白银。

十两白银啊，太寒酸了吧。且不说宋江、柴进结交好汉的时候都是几十两几千两的送，鲁智深援助素昧平生的金翠莲父女，一出手也是十五两银子。

她不是不知道自己做的是怎样的缺德事儿，也不是不知道武松有多勇武，万一知道王婆给他哥哥戴了绿帽子，她吃不了兜着走。

仅仅为了十两银子而已，怎么就愿意赌上自己的小半生？

作为旁观者，我们都太容易对王婆感慨一句“不值”或者“活该”，只是对于她，生活未必有那么多选项。

那已经是北宋末期的乱世，战乱不断，朝廷对百姓也是苦苦搜刮。她没了丈夫，儿子也不知道跑到哪里去了，经营的茶馆连糊口都难，像她亲口向西门庆承认的那样：“老身不瞒大官人说，只三年前六月初三下雪的那一日，卖了一个泡茶，直到如今不发市，专靠些杂趁养口。”

除了做些不入流的说媒、抱腰，她的确也没有什么别的出路可走了。

她若是男儿，忍耐和计谋大概不输于吴用；若是生在现代，大概会是职场上长袖善舞又业务精专的“白骨精”。

可她就是那个时代的一个女人，费尽心机做尽坏事，也不过是为了十两银子辗转挪腾。

《红楼梦》里，探春有这样一句判词：才自精明志自高，生于末世运偏消。

我常觉得，这句判词更适合薛宝钗。

她不是管不了家，但还是只能眼睁睁地看着哥哥薛蟠把家产一点点败光。

她不是没努力过，却最终走不出大观园，嫁给一个不爱她的人。

明明是中流砥柱之才，却只能在女孩的心机和算计中小心周旋。

而在高鹗续写的故事最后，贾家和薛家相继败落，宝玉也离她而去，在那个女子既不能做官又没有其他谋生之路的时代，带着一个孩子的宝钗，会过着怎样的生活？

几十年后，她会成为另一个王婆吗？我不知道。

但换一个时代、换一个舞台，她和她本能过上更好的生活。

不过时也命也。

《水浒传》

［明］施耐庵

系列4 《寄生虫》里最让人不寒而栗的一幕，也是水浒里武松的遭遇

去年跟朋友一起看《寄生虫》，本来约好了看完电影一起加班，看完电影她忽然后悔，要拉着我去逛街疯狂购物。

理由是电影太丧，看着金家人住在潮湿黑暗的半地下室，连街道喷洒杀虫剂也要忍着呛开着窗给自己家里驱虫，本来就逼仄的小屋子，一下雨更是成了半个游泳池。

看上去已经够惨了吧，但更惨的其实是富人朴社长一家，仅仅是因为女儿换了个家庭教师，就招来了金家一步步的算计。从女儿的家教，到儿子的绘画教师，到管家，到司机，像白蚁一般把一个家慢慢蛀空。

明明什么也没做错，为什么家破人亡？

按照东亚文化中源远流长的“报应”和“轮回”理论，一个人最终的际遇一定从他的日常中可循，但从因果的角度，你真的很难找到一点儿朴社长该死的证据。

兢兢业业工作，清清白白赚钱，跟妻子感情如一，即使很忙也会抽出时间陪孩子胡闹。

管家对桃子过敏，他们全家都不吃桃，备受宠爱的小儿子说金家人“身上的味道一样”，他父母会告诉他，这样做很不礼貌。

这种的尊重和谦和，甚至要好过大多数普通人。而影片最后，朴社长一心只顾自己的儿子，完全不管金家女儿的死活，与其说是自私，不如说是一种为人父母的本能。

他到死也不知道儿子的绘画老师杰西卡就是金司机的女儿，就算是他知道，一个父亲在危急之时只顾得上保护自己的孩子，就该死吗？

这正是命运真正的可怕之处，以及《寄生虫》让人每每细思恐极的地方。

不是每个遭遇都有因果可循。厄运来的时候，常常是既不踩点，也不敲门。

而一个强者的命运，又往往是被他身边的弱者决定的。

既反常识，又让人措手不及。

我是在看《水浒传》中属于武松那十章回的时候，感受到了命运的无情和不讲理。

刚出场的时候，武松刚刚在景阳冈上赤手空拳打死了虎，被知县封了都头，出入还有小兵服侍着，成了街头巷尾人人称道的英雄，跟同事关系也不错，三天两头都有人约他喝酒。

直到跟哥哥武大重逢，武大在街上拦住武松，开口就是诉苦：

“我近来取得一个老小，清河县人，不怯气都来相欺负，没人做主，我如今在那里安不得身，只得搬来这里赁房居住……”

为什么安不得身呢？

武大的妻子潘金莲是县城里数一数二的美人，偏偏武大身矮面丑，还兼懦弱没脑子，惹得每天都有人冲着他家门口喊：“好一块羊肉，倒落在狗口里！”他被骚扰得实在住不下去，不得不搬家。

好不容易跟武松重逢，武大当然要紧紧握住这根定海神针。而潘金莲看中了武松的一表人才，也殷勤款待。

盛情难却，武松当夜就搬来了自己的行头，跟兄嫂同住。

接下来的故事好像很简单，潘金莲调戏武松不成，武松愤而离家。潘金莲又勾搭上西门庆害了武大。武松要为武大报仇，杀了西门庆和潘金莲，被判了刺配，命运急转直下，走上了梁山的不归路。

而武松又做错了什么呢？

面对潘金莲的“吃了我这杯残酒”，他立刻变脸拒绝，义正词严地警告了她，头也不回地去了衙门。

出远门之前，他怕潘金莲惹事，特意回家叮嘱哥哥每天卖一半炊饼早点回家，又让潘金莲关好门，把窗帘放下来，狠狠地警告了她一番，才放心离开。

还能怎么样呢？总不能每天把潘金莲绑起来吧，毕竟她除了挑逗过武松之外，也并没有什么别的不轨行为。

但厄运总是无孔不入，潘金莲乖乖听话放下窗帘的时候，偏偏就砸到了西门庆，再加上一个玩弄人心的高手王婆从旁煽风点火，两个人很快就勾搭到了一起。

为什么偏偏就是跟武松重逢又分开之后，闹了西门庆这么一出？

仔细想想却也不算巧合，在见到武松之前，潘金莲对武大不但不满意，而且已经死了心。她一个年轻女人，在那个时代没有任何机会抛头露面，更不可能像《金瓶梅》里那样，整天坐在门口带着媚笑，摇晃着那双金莲小脚。

日日夜夜都只能看着武大那张脸，她已经开始认命，就在她觉得一切都不可能改变的时候，武松出现了。

他勾起了她所有的旖旎情思，可他又断然拒绝了她，这种失落或许也是潘金莲在面对西门庆时，几乎没怎么犹豫就一拍即合的原因。

是像埃里克·霍夫的那句话：悲愤会在它几乎得到满足的时候最为蚀骨。

于是潘金莲的悲愤和放纵，就成了武松一生中致命的波折。

本来前途大好的英雄，沦落为阶下囚，在景阳冈上空手打虎有多威猛，后来被大黄狗捉弄着滚到了溪水里就有多狼狈。

潘金莲的欲望和贪婪，看上去好像是她一个人的事，为什么偏偏是能力最强、心智也最坚定的武松，要来承担这份过错。

我在《寄生虫》中明白了这个道理。

人类从来都是命运共同体，你的我的与他的从来都没有那么泾渭分明，而这些隐秘的纠葛，根本也不是一句“远离那些人”就可以规避的。

你能不跟他们做朋友，但你能保证你找的司机、家政、美容师甚至送餐的外卖小哥都不会像金家人那样，只图一己私利，没有底线、没有原则吗？

你能管得住每个有亲缘关系的人，不要因为贪小便宜，把潘金莲这种明明把握不住自己的人娶回家吗？

人与人之间本来就是互相买单的，无论是《寄生虫》里的朴社长和金家人，还是《水浒传》里的武松和潘金莲。

谁错了并不重要，但一小群人的错，总是由整个社会来买单。

明白这个道理，或许并不会让你的生活好一点儿。

但至少，在遇到那些无力自助的人时，你可以选择搭把手。

改变了他们的命运，或许也就改变了你的。

正如《加一》的导演蒋能杰在讲起留守儿童时说的那句话：你们不是没有关系的，如果他们的孩子出了问题，可能就会影响你们的孩子。在一个不健全的环境下，没有人能独善其身。

《水浒传》［明］施耐庵

系列5 看到了她的结局，我终于明白为什么林冲那样的人不能嫁

小时候看《水浒传》，最喜欢豹子头林冲。

一表人才不说，哪怕是在糙和尚鲁智深眼里，也是一副翩翩公子的模样：头戴一顶青纱抓角儿头巾，脑后两个白玉圈连珠鬓环。身穿一领单绿罗团花战袍，腰系一条双搭尾龟背银带。穿一对磕瓜头朝样皂靴，手中执一把折迭纸西川扇子。

更重要的还是林冲身上自带的那种悲剧光环，一路被迫害、被算计、被背叛，哪怕就是上了梁山之后，还是被排挤的命。

大概是少女心总偏爱落魄英雄，如今重读水浒，才觉得曾经错爱过林冲。

林冲一生的悲剧，看似是在岳庙前，高衙内看上了他的娘子。

当时他正在跟鲁智深喝酒，一听到侍女锦儿跑来说有人调戏夫人，

立刻就提刀杀到了岳庙，可把调戏者扳过身一看，居然是自己顶头上司的义子高衙内，立马“手先软了”，眼睁睁地看着高衙内扬长而去。

如果只到这里，还能把林冲的行为解释为隐忍，之后故事的发展，却在一步步证实他的渣和㞞。

先是陆谦设计，假借约他喝酒，把他的娘子骗出来跟高衙内私会，被林冲及时识破后，紧接着又把他骗进了白虎堂，扣上一项谋杀太尉的罪名发配沧州。

他在野猪林险些被押送的公人暗害，好不容易到了沧州，还是逃不过高衙内的算计，差点儿被烧死在草料场。

而在这漫长的过程中，林冲做了什么呢?

八十万禁军教头，武力值在整部水浒里排得上前十的林冲，面对高太尉的步步紧逼，却只有“叹气”和“泪如雨下”。

怎么能不叹气呢？为了让高太尉放他一马，林冲甚至主动选择了休妻。

在遥远的沧州道上，林娘子一路从家里寻到他，“号天哭地叫将来”，给他送一包衣服。

一片深情，换的却只是一纸休书。

理由当然是冠冕堂皇，“如是林冲年灾月厄，遭这场屈事。今去沧州，生死不保，诚恐误了娘子青春”。

可这表面上的“为你好”，早在他的另一段独白中露了端倪 ：“小人今日就高邻在此，明白立纸休书，任从改嫁，并无争执。如此林冲去的心稳，免得高衙内陷害。”

多决绝，林冲和她曾经是水浒中最恩爱和谐的一对夫妻，不是张青和孙二娘那种两人一起干坏事的利益结合体，更不是王英和扈三娘那种的强行按头配。

林冲是那种温柔到能陪着她来庙里上香，跟她在西窗下温话的人。

可也就是因为有了那些恩爱和温柔，一朝出事之后的渣才最扎心。

㞞就不说了，无论是拳头伸出来看到是高衙内又缩回去，还是明知道被算计、被背叛还忍气吞声期待对方良心发现，都可以视作一个普通人在面对强权时的犹豫。

他自己明明心知肚明，他这一身的灾祸，不都是从高衙内看上了林娘开始的吗？

可他依然选择跟她划清界限，那一纸休书，想想也不过是“反正这女人跟我没关系了，你要强娶就强娶，想调戏就调戏，再别折腾我了”的认㞞和投诚。

虽然说水浒里没有太多女人的戏份，好汉们也总是爱刀枪棍棒而不在意女色，可花荣就算被诬告串贼谋反，还惦记着妻小妹子，前脚刚被救，后脚就要连夜下山偷偷去救她们出来。

林冲呢？

他甚至过了很久才想起了她，等到晁盖也上了山，等到大家火并了王伦，等到梁山好汉大口吃肉论秤分金，过上了天高皇帝远的好日子时，他才“蓦然思念妻子在京师，存亡未保”。

多冷漠的一个“蓦然”，这思念像是“哎呀我去超市怎么忘买米了”一样轻巧淡漠，不然何以明明知道她存亡未保，却冷下心肠不去管她。

想起她又怎样呢？连最没心肠的李逵都知道接人要亲自去，可他只是修书一封，派了身边的两个心腹小喽啰去找她。

小喽啰带回来的答案一点儿也不让人吃惊：她被高太尉威逼亲事，自缢身死，已故半载。

她死去已经半年了，而她念念不忘的良人，这才“抽个空”想起了她。

这种冷漠不仅只让读者绝望，鲁智深跟林冲久别重逢之后，第一句话就是：“沧州一别之后，曾知阿嫂信息否？”

这句话被金圣叹改成了“洒家自与教头别后，无日不念阿嫂，近来有信息否？”，暗示花和尚对林娘子也早已情根深种。

我却总觉得鲁智深的关切更像是一句带着刺的反讽。

连我都惦记着她的境遇，可你呢？

也是在从那一问之后，鲁智深再也没叫过林冲一句“兄弟”，哪怕他们曾经拜过把子结过义，之后的每次搭话，不过是招呼一句“林教头”。

鲁智深这样热血心肠，是看到素昧平生的金翠莲受了欺负都要出手相助的人，他大概永远也无法认同林冲的冷漠和自私。

林冲是水浒里唯一一个事事精细的人，考虑问题样样周全，对自己所有的行为自始至终都有非常理智和清醒的认识。

但也是这份清醒，让他成了一个精致的利己主义者。

他不是一时被吓住了，心一慌做出的决定，更不是不知怎么办才好，只能出此下策的无奈。

他只是很精明地，把她放在了天平的一头，跟自己的仕途前程细细较量，然后才决定牺牲她。

如果山神庙里，陆谦没有说出后半句“哪怕他（林冲）不死，烧了草料场也是杀头的罪”，林冲也未必会杀出来直接结果了他们。

以林冲对前程的看重，他大概又会装傻充愣地把这一切当作“意外”，直到他意识到无论如何也无法再回归体制内时，这才急了眼。

我一度读不懂金圣叹给林冲的这句评价：看他算得到，熬得住，做得彻，都使人怕。

他明明是算不到，熬不过，心不够黑、手不够狠，才被逼上了梁山，不是吗？

如果把这句话的主语换成林娘子，一切就都顺理成章了。

从头到尾，他能算得到的只有她，只能让她熬，只能对她决绝，只能逼她去死。

他不是没有一腔算计和决绝，对付的却是自己最亲密的人，这种精明的无情怎能不让人怕。

只是为她不值。

一场旖旎，终究不过是陆游的一首《钗头凤》：

东风恶，欢情薄。一杯愁绪，几年离索。

错错错。

《水浒传》

[明]施耐庵

系列6 天罡星最末的他，才是水浒中一等一的聪明人

不少人看完《水浒传》，都会为燕青抱不平。

糙汉子中唯一的帅哥不说，更是梁山全伙受招安最大的功臣，没有燕青用个人魅力把李师师迷得神魂颠倒，想见宋徽宗一面还不知道有多难。

这样的功绩，就算是跟武力值顶尖的秦明和呼延灼相比也不逊色，比起没什么存在感也没什么绝技的李应、穆弘和刘唐，更不知道要强出多少去。

可燕青的排名，或许从他出场那天就注定了。

燕青是在卢俊义准备上梁山之前，吩咐家事时口中问的“怎生不见我那一个人”时出场的。

我那一个人，你瞧瞧。

比代称“他”随便，又比直呼“燕青”亲昵，在水浒的语境里，既不可能用于生死相交的兄弟，也不大适用于等级森严的主仆体系。

燕青出场，不参拜，不唱喏，明明什么事也不管，却能跟卢府大管家李固分庭而立。

暧昧的称呼，模糊的地位，再加上两个人无论如何也没办法做父子的年龄差，燕青的身份更像是卢俊义的男宠。再看他所学的东西，也不像是些能谋生立命的本事，更多的还是为了逗人开心。

吹的、弹的、唱的、舞的、拆白道字、顶真续麻，他无有不能、无有不会。亦是说的诸路乡谈，省的诸行百艺的市语。

虽然射起箭来也是百发百中的好手，但你见过哪个射箭高手只有一张川弩、三枝短箭的？与其说那是武艺，不如说是陪卢俊义凑趣的把戏。

在水浒的鄙视链里，身份和家室远远比能力和人品更重要。

燕青这个奇奇怪怪的身份，别说跟武将世家的关胜、呼延灼无法匹敌，就连猎户出身的解珍、解宝，似乎也比燕青高出一头。

更何况，就连卢俊义，对燕青也没有多少信任和尊重。

李固诬告卢俊义谋反之后，顺便把燕青赶了出去。他明明可以顺势离开，却还是在城外苦等卢俊义，生怕卢俊义直接回城遭了李固毒手。

李固赶他走的时候，别说金银了，就连衣物都要一应剥夺，怕燕青赖在城里不走，还要警告一应亲戚相识，谁敢收留燕青的，哪怕舍半个家私也要官司打到底。

燕青窝在城外的一个小庵里，衣衫褴褛，靠乞讨度日，等了约莫十五天，才等到了卢俊义。

但卢俊义听完燕青的话，第一反应却是大骂："我的娘子不是这般人，你这厮休来放屁！……莫不是你做出歹事来，今日倒来反说！我到家中问出虚实，必不和你干休。"骂完还把燕青一脚踢翻，自己大踏步地进了城。

司马迁在《屈原列传》里写：信而见疑，忠而被谤，能无怨乎？

燕青偏偏就是不怨，他偷偷地跟着卢俊义，在林子里救了他一命，背着他逃了一路，为了他上梁山求救。

哪怕就是上了梁山又被招安之后，卢俊义对燕青的尊重也并没有因此多一点儿。

卢俊义跟宋江分兵征讨王庆时，燕青曾有一次劝阻卢俊义不要出战，理由是"小人昨夜有不祥的梦兆"。

卢俊义自然不信，坚决要带队出阵，燕青只好求了五百步兵自行安排，而卢俊义的反应非常有意思，他虽然答应拨了五百兵给燕青，看着他的背影却是"冷笑不止"。

为什么要冷笑？

大概是五分轻蔑和五分嘲弄吧，仅凭一个梦就劝他不要上战场，多迷信，多懦弱，一个连兵都没带过的男宠，能折腾出什么幺蛾子。

而燕青只是欣然带着五百兵离去，在平泉桥附近忙着砍树搭浮桥。

这是多难得的一个“欣然”。

他不是赌着一口气去修那座浮桥的，也不是无可奈何又委屈巴巴地去做。

明知道卢俊义看轻自己，但只要一想到这座浮桥可能救他的命，就忍不住打心底里高兴。

美国著名作家 F.S. 菲茨杰拉德讲过这样一句话，我觉得可以完美适用于燕青：“测验一个人的智力是否属于上乘，只看脑子里能否同时容纳两种相反的思想，而无碍于其处世行事。”

他知道自己身份尴尬，却从来不因为自己的身份而尴尬：他清楚自己对卢俊义而言不过是个玩物和奴仆，却从来不把自己只当作玩物与奴仆行事。

服从，但不是盲从，付出，但不是没原则的牺牲。

燕青的坦荡和清醒，不仅是对卢俊义一个人。

宋江暴露了身份之后，梁山第二次去跟李师师接洽的人，是戴宗和燕青。

李师师看中燕青一表人才，当场就又要跟他把盏，又用言语来撩拨他。虽然燕青急中生智，强行跟李师师拜了把子认了姐姐，但知道这事儿的戴宗还是担心他心猿意马，因为女色坏了梁山的招安大计。

他们一个是宋江的心腹、一个是卢俊义的心腹，戴宗的这句质疑并不是没分量的随口一说。

而燕青的反应居然一点儿不委屈，更没有露出一点儿“士可杀不可辱，谁还不是个好汉了你居然敢怀疑我”的愤懑。

他发毒誓的爽快程度，让戴宗自己都不好意思，要用“你我都是好汉，何必说誓”来打圆场，而燕青只是坦然地回一句：“如何不说誓，兄长必然生疑。”

燕青多聪明啊，那样玲珑心思，他从来都知道别人怎么看他，但他不在乎。

不因为别人的怀疑就剑拔弩张，也不因为别人的轻视就自暴自弃。

他所求的，从来也不是谁的认可或谁的尊重这些没个准头的东西，不过是为了对得起自己的心。

更难得的是，燕青的付出从来没有李逵式的“情愿做哥哥刀下鬼”的奴性。

征方腊之战历尽波折之后，损兵折将的梁山好汉终于要班师回朝，而燕青早已经收拾好一包金银，偷偷来见卢俊义，邀他一起避世隐居。

落魄时不失意已经是少见的修养，烈火烹油之时能预见背后的灾殃更是难得的清醒。

可卢俊义也毫不意外地又一次表明了对燕青的不信任，哪怕燕青把“不许将军见白头”的道理讲得那么透彻，他也不肯听。

而这一次，燕青选择了“纳头拜了八拜”便连夜离开，直到卢俊义被害身亡，燕青再也没有出现过。

大概是已经问心无愧地走完了自己该走的那九十九步了吧，最后一步对方不跟上来，他就再也不勉强自己多靠近一分。

像极了他最后留下的四句诗：

雁序分飞自可惊，纳还官诰不求荣。
身边自有君王赦，洒脱风尘过此生。

浪子回头金不换，浪子不回头，大快平生。

《水浒传》

［明］施耐庵

系列7 梁山总公司的金牌职业经理人吴用，为什么非死不可

《水浒传》的最后一回，宋江喝了朝廷赐的毒酒，临死前拉着李逵做了陪葬。两条冤魂给吴用托梦，说遭人算计，已葬在南门外蓼儿洼，请吴用来看视。

吴用第二天出发去楚州，果然见到了宋李二人的坟冢，大哭一场之后，他做出一个决定，要自缢在宋江坟前。

理由自然是为了全兄弟之情，“心中想念宋公明恩义难舍，交情难报”。

听上去义薄云天，但吴用跟宋江真的有那么铁吗？未必见得。

吴用本是晁盖的亲信，若是论知遇之恩，晁盖给吴用的并不比宋江少。“智取生辰纲”说到底并不是多高明的计策，连一个小县城的府衙都能在一周之内把涉案人员摸得一清二楚，可见吴用的计策并不

高明。

他连累得晁盖不得不落草为寇，可晁盖从头到尾也没责怪过吴用一句，直到他死，都把吴用当作自己的一号好兄弟。

而宋江对吴用的感情，显然更为复杂。

宋江上梁山的时候，是带着自己二十七位江州派亲信的，之所以要拉拢吴用，不见得是真心爱重，而是因为吴用的技能实在是太稀缺了。梁山从来不缺上阵打仗的好汉，少的只是出谋划策的军师。

但这倚重，也并不像是"用人不疑"的全心相托。

晁盖死之前，宋江每战都要把吴用带在身边，动辄"大惊""大哭"，好像全得靠吴用来镇场子，离了他不行。

可晁盖刚死不久，从征辽国开始，宋江就像变了一个人似的，也会调兵遣将了，也懂兵法和计谋了。征王庆时有一战，吴用刚说完怕敌军火攻，宋江就想出了将计就计的妙招。

这反应能力和战略布局，还是那个动不动就要含泪握着吴用的手说"多谢军师救我"的"黑三"吗?

无论是宋江之前装得像，还是他真的学习能力超强，被反驳了几次之后，吴用大概也明白，自己对于宋江来讲远没有从前那么重要了。

吴用不是李逵，非宋公明不认，当初他能果断地抛弃晁盖站队宋江，为什么如今就不能另投明主，或者学燕青攒点儿金银退隐江湖，改名换姓重拾教书的工作呢。

从朝廷对梁山好汉的处置上来看，被重点监管的全是武将，加上宋朝开国就有不杀士大夫的传统，像吴用这种书生，也不太可能遭遇什么迫害。何必非得要自杀来殉这段塑料兄弟情?

这个答案，或许可以追溯到吴用决定站队宋江那天。

先来看看吴用当时的处境。

副董事长宋江带着自己的一帮亲信加盟了梁山这个总公司，吴用作为职业经理人，被副董事长拉拢过去，还被委以重任，座次高于副董带来的所有心腹。

被那么多双眼睛盯着——质疑的、警惕的、不满的、挑剔的，是你你慌不慌？

如何立功，立大功，成了吴用必须尽快解决的问题。

吴用很快就想出了证明自己的方法，那就是帮宋江赚好汉上山，最大限度地扩大总公司的规模。

于是宋江看上谁，吴用就设计去“赚”谁，为了尽快达到目的，手段无所不用其极。

为了“赚”秦明上山，吴用设计让小卒打扮得跟秦明一模一样，去城外大开杀戒。城里的知府远远地看不清，还以为秦明真的谋反了，在城头杀了秦明一家老小，把秦明逼上了梁山。

美髯公朱仝对宋江有救命之恩，可还是逃不过宋江和吴用的算计。他们授意李逵砍死了朱仝看护的小衙内，哪怕那个四岁的小娃娃是朱仝的心头肉。

更别说关胜、呼延灼大好前程被吴用断送，玉麒麟卢俊义家破人亡。

如果只看业绩，吴用这个金牌职业经理人当之无愧，短短几年时间，不仅辅佐着副董事长转了正，还为梁山公司的上市（被招安）打好了坚实的基础。

这样出色的成绩，让吴用的入戏甚至比董事长本人还要深。

在征方腊的途中，梁山好汉一路凋零，连宋江都难忍悲痛，可吴用总是在一边劝宋江：“今番折了兄弟们，此是各人寿数。眼见得渡江以来，连得了三个大郡，润州、常州、宣州。此乃皆是天子洪福齐天，主将之虎威，如何不利？先锋何故自丧志气。”

那也是跟他一起出生入死过的兄弟，可这番话里，哪有一丝一毫的人情味？

这样的吴用哪里还像是一个有血有肉有情义的好汉？没有自我，没有良知，没有是非，成了一个被绩效驱使、被权威俘虏的机器。

作家汉娜·阿伦特有一本书叫《艾希曼在耶路撒冷：一份关于平庸的恶的报告》，记录了对“犹太人死亡执行者”阿道夫·艾希曼的审判全程。

作为纳粹的高官，艾希曼以一己之力杀害了数以百万计的犹太人。让人意外的是，坐在审判席上的艾希曼既不凶横，也不阴险，甚至有几分彬彬有礼的模样，像极了摩天大楼里的普通白领。

艾希曼为自己辩护时，反复强调“自己是齿轮系统中的一环，只是起了传动的作用罢了”。作为一名军人，他只是在服从和执行上级的命令。

我想，如果吴用真的有机会为自己辩驳一句，他用的理由应该也跟艾希曼差不多。

作为梁山公司的经理，我必须得这么做。

是宋江让我想办法的，我也是不得已。

而这样的自我辩护，正是阿伦特提出的“平庸之恶”。

它不是李逵那种以杀人为乐的天生凶残，它只是把个人完全同化在了一个体制中，默认，实践，甚至去助推这个体制中不道德的行为，并且从不觉得自己做错了。

吴用自称“加亮先生”，可诸葛亮在火烧藤甲兵之后，看到满地的焦尸，也忍不住垂泪叹息：“吾虽有功于社稷，必损寿矣！”

可你何时从吴用身上看到过一丝一毫的惭愧与后悔呢？别人的家破人亡，不过是他的得意之作。

是宋江的死，揭开了梁山公司的虚妄，逼得吴用不得不直视自己做过的所有事。

染黑的衣服都洗不白，手上染了那么多无辜的血，要怎么洗清？

他除了随着宋江一死之外，要往哪里安放自己的良心呢？

画栋雕梁，烈火烹油，到头来不过一场空。

没有知己，没有兄弟，一片片白茫大地真干净。

想来吴用的一生，也不过是《远大前程》里的那句话：

人生的长链不论是金铸的也好，铁打的也好，荆棘编成的也好，花朵穿起来的也好，要不是你自己在终生难忘的某一天动手去制作那第一环，你也就根本不会过上这样的一生了。

《水浒传》［明］施耐庵

系列8 读懂了他的孤独，我才知道该如何过好这一生

《红楼梦》里有一回，是宝钗过生日，为讨贾母的好，她点了一出《鲁智深醉闹五台山》，被宝玉嘲讽只爱点这些热闹的戏，于是宝钗念了一段《寄生草·漫揾英雄泪》的填词，就让宝玉心服口服。

那段辞藻写的是鲁智深，应的正是“天孤星”。

漫揾英雄泪，相离处士家。谢慈悲，剃度在莲台下。没缘法，转眼分离乍。赤条条，来去无牵挂。那里讨，烟蓑雨笠卷单行？一任俺，芒鞋破钵随缘化。

很早之前我看到过这一段，并没觉得这段凄凉至美的词跟《水浒》里的鲁智深有什么关系。

水浒里哪有这些细腻缠绵的情感呢，糙汉子们之间的分别只是拱

拱手道句“江湖再见”，离了这个兄弟转眼就能交到那个兄弟，一百零八个好汉中一大半都无妻无子，并不显得谁的孤单特别格格不入。

更何况我也不喜欢鲁智深，总觉得“天孤星”这个听起来高冷的称号跟鲁智深一点儿也不搭。

鲁智深出场时就不讨喜，因为李忠只是个卖膏药的就看不起人家，言语间满是不耐烦，搅了人家的生意，非得拉着李忠一起去喝酒。

喝酒就喝酒吧，他自己要援助金翠莲，可银子没带够，李忠从口袋里摸出二两碎银子凑给鲁智深，却还被鲁智深好一通看不起。

比起鲁智深和史进这种财主出手就能给十两二十两的水准，李忠一个跑街头卖膏药的，掏出二两银子已经不容易，可鲁智深压根儿不领情，收下了史进的十两，却把李忠的二两碎银“丢还”给他。

之后就是为避难投了五台山，人家收留了他吧，他不感恩不说，反而整日在佛堂边上随地大小便，强抢路过民夫的酒喝，喝醉酒还砸了佛堂的罗汉像。

被从五台山赶到了相国寺，途中也没干什么好事，在瓦罐寺里跟几个面黄肌瘦的老和尚抢饭吃，把老和尚们逼得涕泪纵横地告饶：“我等端的三日没饭吃，却才去那里抄化来得这些粟米，胡乱熬些粥吃，你又吃我们的。”

仗势欺人，不识好歹，欺凌弱小，哪有一点儿英雄的模样？

我是在后来的某一次跟朋友聊起水浒的时候，她忽然问我：“如果鲁智深出场没有救人，而是先杀了人放了火，或者干脆就是个无恶不作的泼皮，你还会觉得他的这些行为很讨厌吗？”

我想了想她的问题，惊讶地发现并不会。

水浒里那么多怪胎，比起王英这种看到女人就要往上凑的淫魔，李逵这种杀了人还要一刀一刀片了吃肉的怪胎，鲁智深的所作所为根本算不上什么。

可为什么唯独对鲁智深耿耿于怀呢？

或许就是因为他的人设是个好人，可他并没有像一个好人那样行事。

我们对好人的期待，永远是会因为看到好，而期待更多的好。

鲁智深救金翠莲的时候那么仗义勇敢，那他就还得谦和有礼，自知自制，哪怕是自己饿着肚子也要锄强扶弱，才符合我们对“好人”的全部想象。

可他偏不，他偏偏以狭隘鲁莽且自私的形象推翻我们所有的期待，成了一个太难被定义的人。

而难以被定义的人，一向都是不讨喜的。

不仅是读者，就连梁山的兄弟也没几个真心喜欢鲁智深。

他接受宋江的领导，却从不臣服，相比起其他好汉一听到宋江的名号就“扑倒便拜”，鲁智深只是淡淡地跟宋江对坐之后来了一句“今日且喜认得阿哥”。

他也不站队，宋江和晁盖他谁也不帮，安排他出战就去，不安排也不争功。

他跟谁关系都不差，但好像也没有最好的朋友，连最后出场的燕青都能交到李逵这个跟屁虫。鲁智深唯一的创业伙伴武松还是宋江的铁杆粉丝，相识最早的林冲，也成了他再也看不起的人。

他喝酒，吃肉，砸碎了和尚们视为神圣的佛像。他明明后来有很多机会脱掉那一身僧袍，可他始终没有。

征方腊时他功劳最大，但面对宋江许诺的名利富贵，他只有一句“心已成灰”。

是这样真实复杂，让鲁智深成了一个谁也摸不透、谁也掌控不了的人，因此注定孤独的人。

一个人的“合群”，永远是要以放弃一些东西为代价的。

有时候是自由，当别人去聚会的时候，你不能因为不喜欢就自己待着，哪怕坐在那里只是强颜欢笑。

有时候是态度，明明觉得老板的方案很一般，但其他人都在叫好，你也只能把自己看到的问题默默咽下去，跟着大家一起鼓掌。

有时候是本心，当所有人都奔着钱权名利而去的时候，你也只好埋葬自己的诗和远方，才能让自己随大流。

但鲁智深的孤独，是他主动选择的结果。

在无数人心心念念想要得到一个标签，作为被某个群体接纳的凭证时，鲁智深却始终在摆脱它。

在无数人因为被“好人”的帽子绑架，身不由己地从“真心对人好”变成“表演对人好”，活成了憋屈的好人时，鲁智深却自己打碎了这一切。

他的主动选择，或许也是你我面对孤独人生最好的参照物。

正如英娜·丽斯年斯卡娅的诗一样：

而我会得到，孤独的馈赠，它干涩，激烈，如同大海里的火焰。（节选自《孤独的馈赠》）

要知道我来找你，就像命运靠近命运，就像善良靠近善良，就像肋骨靠近肋骨，就像翅膀靠近翅膀。

只有这样靠近孤独，才不会生长出孤独。（节选自《告别之歌》）

《红楼梦》

［清］曹雪芹

系列1　宝玉这样的纨绔贵公子，为什么不招人恨？

从朋友那里听来一个故事，一个男孩带女友去一家有名的法国餐厅跟朋友聚餐。

男孩家境很好，出入那种高档饭店早就游刃有余，女孩却是第一次吃法餐，席间上了一道柠檬生蚝，女孩顺口感慨了句："好想念大学门口的烤生蚝啊。"

来的都是男孩那个小圈子里的人，一听女孩说出大排档和烤生蚝，立刻明白了女孩家境一般，彼此交换了一个心照不宣的眼神。

男孩却笑着接话："你也喜欢吃烤生蚝啊，我上大学的时候也被舍友拉去吃过好多次，要不咱们哪天去吃一次？"

于是席间换了话题，聊起了各自的大学时光。粗线条的女孩并没有察觉什么，直到好多年后她去留学，认识了一位做法餐的厨师，听她讲完在大学吃烤生蚝的故事，直摇头说她没品位。

你说的那种根本就算不上生蚝，懂行的谁会去吃那种便宜货。

她在那一瞬间才后知后觉地明白了男孩的温柔。

他们的家境出身隔着天堑，但聚餐之前，他没嘱咐过她任何一句，餐刀拿在哪个位置，餐巾要怎么铺，红酒杯要怎么摇才优雅。

聚餐回来之后，他也没埋怨过她一句，不懂的事别开口，别在别人面前露怯，等等。

他不在意，但也不愿让她被人看轻，于是顺口说自己喜欢的跟她一样，不显山不露水地替她圆了场。

那个女孩就是朋友本人，而她之所以想起这段经历，是因为被一个男同事身上的优越感恶心得够呛。

“Lamer”必须用巴黎腔发成“La’mer”，听到别人叫成“拉莫”总是一脸鄙夷。

吃牛排必须放黑胡椒粉，还口口声声“蘸黑胡椒汁的是穷人的吃法”。

在饭店把服务员小姑娘数落了半个小时，只因为对方搞错了前菜和主食的顺序。

住着洋房别墅，开着几十万的好车，穿着打扮端的也是翩翩贵公子，但身上就是有种挥之不去的暴发户味儿。

那是种很复杂的味道，是自大、骄傲、戾气、恐惧、渴望和心虚的混合产物。

我忽然想起了《红楼梦》里的贾宝玉。

印象里有一回，是宝玉想听一段《牡丹亭》，就跑去找一个叫龄官的女孩子。但龄官不肯给宝玉唱，要等她的心上人贾蔷来了才开口。

宝玉是集万千宠爱于一身的小少爷，而龄官只是一个寄人篱下的戏子，换其他人恐怕早就拍桌子发脾气，要把龄官赶出去了，但宝玉却是“讪讪的红了脸，只得出来了”。

还有一回，是遇到金钏的妹妹玉钏。玉钏因为记恨姐姐的死，给了宝玉一张冰块脸。

一个丫鬟而已，就算是不生气，也不至于要低声下气地哄着。宝玉偏偏是赔着笑百般讨好，连在场的老婆子都觉得奇怪，好好一个公子，怎么连毛丫头的气都受得。

很早之前读红楼，我总是会把这些当作宝玉性格里的软弱，听完朋友的这个故事后，我忽然明白了宝玉的没脾气。

这其实是种没有分别心的尊重和温柔，而这样的特质，是要在真正的富贵里才养得起来的。

他有得太多，所以不会计较别人的没有；又因为拥有得太多，甚至意识不到自己的有，更不会拿它来衡量别人。

你知道他不求上进，知道他贪玩，知道他没责任心，知道他就是让曹公感慨“莫效此儿形状”的纨绔子弟。

但你就是真的很难讨厌这样的人，不是因为他能花钱摆平一切，恰恰是因为他真正用心时，往往会让人忘了他的钱与权。

同样的还有《金粉世家》里的金燕西。

看着金燕西追求冷清秋的时候，你很难不被那样的热忱打动。

他跟她交往，没有因为自己是总理家的少爷，而对方只是一个贫苦的女学生就有所轻慢。

小心翼翼地试探和示好，送她礼物都因为怕她敏感多心，要费尽心思找一个她能接受的缘由。

他带她出入人前，从来不会觉得她的贫苦出身丢了他的面子；他跟她聊天说笑，也从未显摆过自己锦衣玉食的优越生活。

不显摆，所以也不招恨，你看着这样的人总像看着一个品性温柔但没什么上进心的孩子，有时候感慨其不争，但就是讨厌不起来。

这种“意识不到自己有多好”的能力，听起来好像很容易，但大多数人根本做不到。

权势从来都是最骄人的东西，同样是大观园，司棋就曾经因为厨房负责人不愿意给她开小灶大闹厨房，带着一帮小丫头，让把“所有的菜蔬只管扔出去喂狗”，非得别人赔尽好话，百般做小伏低才肯罢休。

为的哪里是一碗鸡蛋呢？不过是嫌对方不尊重她“大丫鬟”的身份罢了。

但“大丫鬟”说到底也不过是丫鬟啊，比厨房粗使的婆子们能好多少呢?

有地位有身份的宝玉，可以跟在一个小丫头后面赔不是，被一个家里买来的戏子羞红了脸。

而司棋不过是迎春的贴身丫鬟，却要处处彰显自己的身份和优越感。

越是处在底层的人，就越爱为难不如自己的人，因为只有踩着别人，才能找到自己的地位和价值。

这种学不来的温柔和不在意，或许就是宝玉和燕西这样的纨绔贵公子让人讨厌不起来的原因吧。

《红楼梦》

［清］曹雪芹

系列2 尤三姐：一个人被痛苦毁掉，是从这件事开始的

从小到大，我翻过很多次《红楼梦》，却从来读不懂尤三姐。

她是宁国府大奶奶尤氏的继妹，尤氏因为公公贾敬的葬礼忙得不可开交，把继母尤老太和两个姐妹请来住在宁国府，帮她料理家务。

尤三姐美，身材样貌在仆人兴儿的口中足以比肩林妹妹，宁国府的贾珍、贾蓉又是名副其实的好色之徒，贾敬的葬礼还没收尾，爷俩儿就急吼吼地跑回家勾搭尤氏姐妹。

贫寒又无知的女孩在权势和财富前大多没什么抵抗力，宁荣二府的挥金如土，是她做梦都想要的潇洒肆意，在自己曾经向往的生活面前，哪怕明知不对，意志力也忍不住软弱。

于是三姐半推半就，在二姐跟贾琏看对了眼时，自己也跟宁府的“帅大叔”贾珍打得火热。

就在你觉得她在暧昧中游刃有余时，尤三姐开始了她让人看不懂的反转。

她先是反客为主地撩拨贾琏、贾珍，酒桌上，她绰起壶来倒满了酒，自己喝了半杯，剩下的半杯搂过贾琏的脖子就灌，一边还要说着“我和你哥哥已经吃过了，咱们来亲香亲香”。

连贾琏这种风月老手也被尤三姐这一手吓得立马醒了酒，尤三姐刻意展露的风流绰约，更是迷得贾珍、贾琏如痴如醉，以至于一时间她仿佛过上了山阴公主的生活，把二人当成了自己的男宠：

那尤三姐天天挑拣穿吃，打了银的，又要金的；有了珠子，又要宝石；吃的肥鹅，又宰肥鸭。或不趁心，连桌一推；衣裳不如意，不论绫缎新整，便用剪刀剪碎，撕一条，骂一句……一时她的酒足兴尽，也不容他弟兄多坐，撵了出去，自己关门睡去了……（《红楼梦》第六十五回）

说她贪图享乐吧，可享乐背后分明是无奈和不甘，不然她也不会跟尤二姐说出“咱们金玉一般的人，白叫这两个现世宝沾污了去，也算无能”的话。

说她真的痛苦吧，却怎么也找不到她无法脱身的证据。

虽然只是名义上的姐姐，尤氏毕竟也是宁府的主母，好歹也隔着一层面皮，况且又当着尤老太，只要她坚决不从，贾珍再不堪也不可能对她用强。

她放出话要嫁柳湘莲之后，在宁国府非礼勿动、非礼勿言，不也能清清白白地活下去吗？既然如此，又何必要用杀敌一千自伤八百的狠招。

说她贪恋风月，偏偏对柳湘莲情根深种，一眼就记了五年；可说她情深义重，我却怎么也想不通，一个每天都惦记着心上人的女孩，怎么可能允许自己成为贾家兄弟的玩物。

这种复杂的矛盾感，是我一直读不懂尤三姐这个人的原因。

明明能守身如玉，偏要投身红尘；明明已身入红尘，却又心存不甘；明明心有不甘，偏又变本加厉；明明已经放任自己沉沦，却又要做贞洁烈女。

我是在陀思妥耶夫斯基的《罪与罚》里，阴差阳错地理解了尤三姐。

《罪与罚》里有个配角，叫马尔梅拉多夫。曾经是个文官，后来成了酒鬼，整天泡在酒馆里，喝尽身上最后的一点儿钱。

而他的妻子要在寒冬里当掉自己的长袜和头巾来养活三个孩子，大女儿不得不去卖身做妓女，才能勉强维持一个家的生计。

只听这段叙述，你会觉得马尔梅拉多夫是个铁石心肠的男人。事实正好相反，他对妻子和女儿充满了愧疚，连在酒馆跟陌生人讲起也会心痛得涕泪横流。

他比谁都知道，自己是这个家的不幸之源，只要他稍稍改变一点儿自己的行为，就能挽救一家人。

机会甚至就摆在他面前，他的老熟人给他谋了一个有钱有闲的职位，只要去上班，按时打打卡，就能救一家人于水火。

那是他曾经幻想过无数次的场面：要给孩子们买一些好吃的，给妻子买几件厚衣服，让他的大女儿远离耻辱。

他的妻子甚至当掉了最后一件大衣，给他添置了一套新衣服去上班。可他转身就卖掉了自己的新大衣，甚至偷走了妻子钥匙盒里为数不多的铜板，在酒馆里喝了五天五夜。

面对酒馆老板的耻笑和嘲弄，马尔梅拉多夫说了这样的一段话：“不，我渴求的不是快乐，而是悲痛和眼泪。我在瓶底尝到了，也找到了。这就是我想要的全部。”

我在看到这一段的时候，忽然明白了尤三姐矛盾的来源。

她和马尔梅拉多夫一样，都是被痛苦吞没，毫无还手之力的人。

开始只是错了一小步，但为了逃避回顾那一步时的自责与后悔，他们逐渐学会了接受痛苦，甚至会主动去制造痛苦，从中寻求一种自虐的快感。

在这种扭曲的快乐里，一边自我痛恨，一边欲罢不能。

如果不这样做，他们要如何面对自己呢？

承认自己在有选择的时候选了错误的那条路吗？承认自己也有过虚荣、贪心和自私吗？

承认自己并不只是个受害者，而是曾经与迫害自己的一切合谋吗？

对有的人来讲，面对自己，比面对赤裸裸的痛苦还要难受。

尤三姐的悲剧，是自己想从这个世界的游戏规则里捞一点儿好处，直到意识到最好的结局也不过是像尤二姐一样被金屋藏娇，上不了台面也见不了天日之后，索性用“都是他们太坏”的借口，破罐子破摔地宽恕了自己所有的轻佻和虚荣。

逐渐对痛苦上瘾，因为只有让自己痛苦着，她才能理直气壮地去指责他人。

那么骄傲，却也那么脆弱，她以自虐来自我欣赏，获得一点儿精神层面上的尊严，以此痛恨、指责那些占了她便宜的人。

陀氏在《被侮辱与被损害的》一书中写道：

许多受到命运折磨并意识到命运对自己不公平的被侮辱、被损害的人都有这种存心加剧自己痛苦并引以为乐的心态。

如饮鸩止渴，在痛苦中越陷越深，直到失去最后一点儿自救的可能。

因为打败痛苦，就意味着一个人要放弃所有指责他人的借口，承认自己之前的失败，并且应该对自己的人生负责，同时忍受着每个深夜的良心拷问：你啊，你怎么把自己活成这样子了呢？

接受良知强加的耻辱感，承认自己的责任与过错，是摆脱痛苦的第一步。

那是比沉沦于痛苦更难的选择，但那才是勇敢者的选择。

人人都难免在诱惑面前马入夹道难回头，在黑暗的甬道渐渐迷失，但总有人拼着一身伤，也要回头看一眼太阳。

这或许就是尤三姐的一缕香魂，会跟柳湘莲说出“来自情天，去由情地。前生误被情惑，今既耻情而觉，与君两无干涉”的原因吧。

与柳湘莲的嫌弃无关，与她五年来的念念不忘无关。

那不过是一个人面对痛苦的选择。

生活从来都难，但要做勇敢者。

《红楼梦》［清］曹雪芹

系列 3 别再骂贾政了，他才是红楼里最可怜的人

如果有个“红楼讨厌鬼”的人物排行榜，宝玉他爹贾政肯定榜上有名。

在《红楼梦》里，贾政的每次出场都伴随着低气压，不是宝玉偷偷摸摸地躲，就是小厮垂着手挨骂，就连一向爱说爱笑的湘云，家宴时看到贾政，也是一声都不敢吭。

在花红柳绿鸟啭莺啼的大观园，贾政的存在像是一抹乌云，走到哪儿都格格不入。

贾政以一己之力，几乎踩中了所有能想到的教育雷区。

他与儿子见面从来不笑，说话从来不夸，稍不如意就是一顿训斥，完全不重视宝玉的天赋兴趣所在，非逼着他考什么科举。遇到点事儿，更是连辩解的余地都不给，直接上板子。

说他不爱宝玉吧，老来得子本就难得，加上长子贾珠早逝，只剩嫡亲小儿子，怎么可能不当心头肉。

第十七回，大观园初建成，贾政带着一帮文人墨客去看园子，路上刚好碰见宝玉。贾政素闻塾掌称赞宝玉专能对对联，读书虽然不太长进，但颇有才情，于是便命宝玉一起逛园子。分明是有心培养，表现出的却是满满的嫌弃。

宝玉题了“有凤来仪”的匾，贾政明明自己也很满意，一边本能地点头称赞，一边嘴里还不忘数落宝玉：“畜生，畜生，可谓管窥蠡测矣。”

也难怪宝玉一见亲爹就是一身冷汗，贾政这样的爹，几乎是所有孩子的童年噩梦。很多红学研究者也不喜欢他，说贾政这个名字音同假正经，听上去就不是什么正面人物。

但贾政真的这么不堪吗？

我是在最近偶然翻到一本叫《爱、金钱和孩子》的书时，忽然明白了贾政的不得已。

这本书里提出了一个有趣的观点，说从经济学的角度来看，选择哪一种教育方式，其实并不是父母自己的选择，还有深刻的社会历史原因。

简单来讲，一个国家或地区的不平等程度和教育回报率越低，父母往往越宽容。

而在教育的回报率超高，仅仅凭借受教育程度的不同就能拉开人生差距的地方，父母就会更专断，并更倾向于向孩子灌输出人头地的道理。

我们在今天回头看的时候，觉得贾政的育儿方式变态到不可思议，也正是因为时代变化的原因。

在今天的时代，“朝为田舍翁，暮登天子堂”几乎已经成为一个失传的童话，仅仅是会读书，跟一个人的财富和地位根本无法挂钩。越来越多的父母也开始学习放手，尊重孩子的志趣和天赋，而不是简单粗暴地要求孩子走自己的路。

但在红楼的世界里，社会职业的流动性几乎为零，虽然他自己蒙得皇上体恤先臣，未经科考就直接做了主事，但贾政很清楚，以宁荣两府如今的实力地位，宝玉长大之后想要走荫封的路根本不可能。

没有荫封，又不能习武，想要立身持家，就只剩下了科考这一条路可走。

所以贾政才要去控制宝玉的选择，逼着他举业。与其说贾政专断愚昧，不如说在当时的社会条件下，他并没有其他选择。

作为贾府为数不多能认得清形势的男人，贾政对宁荣两府的未来并不看好，也能更清醒地看到宝玉的未来。

宝玉的悲剧在于，他热爱的大观园里的一切纯洁热烈，其实都是建立在他最讨厌的污浊恶臭的权力之上，一旦贾府所依附的权力消失，他生活中的美也只能随之败落。

大树一倒猢狲散，而身无长物的宝玉，别说保护大观园里的姐姐妹妹了，能不能养活自己都是问题。

而这也正是贾政最怕的事。

所以他才拼命逼宝玉向学，试图在他还能管得着的时候，让宝玉积累下一点儿东山再起的能力，就像贾府败落之后的贾兰，还能凭着科考打一个翻身仗。

可关心则乱，他总是忘了，年轻的孩子不自己撞上南墙，怎么肯回头。

贾政懂得这种撞上南墙的痛，第七十八回，曹公借外人之口说起贾政“起初天性也是个诗酒放诞之人”，这不正是年轻版的另一个宝玉吗？

正是因为有过相似的经历，所以贾政才最明白，那些诗词歌赋、莺歌燕语在现实的重锤下有多不堪一击，而那些年少的荒诞，最终会变成悔恨的眼泪。

这也是贾政和宝玉之间的博弈，最让人难过的地方。

那其实不是父亲和儿子间的斗争，而是一个人欲望和理智间的角斗，就像理智明明告诉你该起床去健身去看书去收拾屋子，可欲望还是会让你在冬日暄软的棉被里无尽地沉沦下去。

你明知道自己会后悔，也知道自己会因此吃亏，但在享乐的当口，欲望如入海奔流，非人力所能阻挡。

贾政的清醒，让他无法像贾赦一样只顾自己享乐，对子孙后代不管不顾。但他的局限，又让他无法用更好的方式教育宝玉，好好陪着他长大。

明明知道这华屋终将倒塌，却什么也做不了，只能眼睁睁地看着自己最爱的人，走向一条自己最熟悉的不归路。

这是贾政的悲剧，或许也是那个时代的悲剧。

系列4 探春：我不是樊胜美

红楼里提起探春，总会伴随着一句感慨：

好，好，好，好个三姑娘！我说他不错。只可惜他命薄，没托生在太太肚里。(《红楼梦》第五十五回，王熙凤评）

父亲是一家之主，生母却卑贱如奴仆，明明也是主子姑娘，尊贵体面却都比嫡出的兄弟姐妹低了一等，庶出的女儿身份之尴尬自不必说，再遇上赵姨娘这样的生母，更是雪上加霜。

赵姨娘的每次出场几乎都自带大写着“卑微猥琐”的标签。

她蠢，几乎以一己之力拉低了红楼里的智商下限，做事不动脑子，还特别容易被人挑拨，为了一点儿蔷薇硝，居然自降身份跑到怡红院去跟小戏子芳官打架，让晴雯等一众吃瓜群众看了大大的热闹。

也坏，勾结马道婆，使歪门邪道在凤姐和宝玉身上做小鬼，害得二人几乎送了半条命，自己也欠下了五百两银子的债。

明明智商人品都上不得台面，偏偏总要刷一把存在感，又总是以被贾母、王夫人或凤姐一顿叱骂，灰头土脸的结局告终。

如果再加上扶不上台面的兄弟贾环，探春的际遇足以拍成一部都市大戏——《被原生家庭拖垮的女儿》，赚足观众的心疼。

这些年的影视剧中从不缺类似的角色，从《都挺好》的苏明玉到《欢乐颂》的樊胜美，一个重男轻女、索取无度的妈，加上一个不省心的兄弟，就足够盖章一个女孩悲剧的命运。

一件件委屈，一次次贴补，不分地点、不分场合的厮闹，如附骨之疽，从物质到精神，慢慢啃噬掉女儿的全部。

虽然不用在职场上打拼，但在大观园的风刀霜剑里艰难经营的探春，处境未必比樊胜美好多少。

但她又不是樊胜美。她很小的时候就明白了赵姨娘的猥琐与糊涂，因此从一出场，就在不同场合要跟自己的原生家庭划清界限。

探春的划清界限可不是一句赌气的狠话，代理荣国府时，赵姨娘的兄弟死了，按规矩，荣国府会给她一笔抚恤金。

可该给多少，是件棘手的事儿。

按规矩，贾府从外面买来的奴才，家里死了人可以领四十两，但赵姨娘这种在贾府生、贾府长的只能领二十两。

可规矩是死的，人是活的呀。正值探春当权，所有人都知道探春跟赵姨娘是什么关系，想做顺水人情的、想看她笑话的都不在少数。虽是一件小事儿，却是探春掌权上任之后的第一个挑战。

女儿遇到难关，当妈的帮不了一把，至少别来拖后腿吧？

可赵姨娘偏不，她不仅哭哭啼啼地跑来找探春闹，抱怨袭人的妈死了都给了四十两，自己熬了这么多年，还不如一个丫鬟，还句句都往探春心里扎刀子：

"这屋里的人都踩下我的头去还罢了，姑娘你也想一想，该替我出气才是。"

"我还有什么脸。连你也没脸面，别说我了。"

"你只顾讨太太的疼，就把我们忘了。"

"如今没有长羽毛，就忘了根本，只拣高枝儿飞去了。"

一般女孩听到这种字字诛心的话，早就受不了了，可探春却是一边哭，一边不忘了继续讲道理："我舅舅年下才升了九省检点，那里又跑出一个舅舅来？既这么说，为什么不拿出舅舅的款来？谁不知道我是姨娘养的，必要过两三个月寻出由头来，彻底来翻腾一阵。"（《红楼梦》第五十五回）

狠吗？势利吗？不近人情吗？

对于身陷原生家庭泥潭的女孩来讲，探春的狠绝是唯一的出路。

你以为那些无法摆脱亲情绑架的人傻吗？她们不知道自己在家人眼里只是一部提款机，而自己是对着一个无底洞付出吗？

道理谁不懂，无非是狠不下心罢了。

“无论怎么样他是你爸（你妈）”“天下哪有不爱儿女的父母”“再怎么说也把你养大了”这些话像是一串缠绕在女儿们头上的魔咒，让她们在每次想要狠下心拉下脸的时候又心生动摇。

然后又不自禁地要生出一点儿期待：我都这样付出了，你可以爱我一点点吗？

我就有一位女友，被原生家庭压榨了很多年，在南非打了好几年工给弟弟攒钱买房子，明明已经熬不住了，想要跟家人说个明白，却还是在二十八年中母亲第一次吃饭时给她夹了一筷子菜时全线溃败，又一次续签了三年的合同。

吃了太多苦的女孩，总会把一点点甜无限放大，像个小乞丐一样，努力搜罗别人衣角牙缝剩下的一点儿善意。

不如此，怎么抵挡这没有爱的寒冬呢？

可退一万步讲，谁会因为天天吃牛肉，对牛生出几分心疼来呢？偶尔给牛放放音乐，也不过是为了让牛肉更好吃、牛奶更香甜罢了。

让自己对原生家庭彻底绝望，是女孩自救的第一步。

但探春也不是真的绝情绝义，当赵姨娘为了蔷薇硝跑到怡红院跟芳官厮打时，是探春帮她解了围：“这是什么大事，姨娘太肯动气了！我正有一句话要请姨娘商议，怪道丫头说不知在那里，原来在这里生气呢，快同我来。”

当着尤氏和李纨，探春虽然句句在怪赵姨娘，说她“耳朵又软，心里又没有算计，这又是那起没脸面的奴才们的调停，作弄出个呆人替他们出气”(《红楼梦》第六十回)。

没心眼被人当枪使，和自己不尊重惹人笑话比起来，前者不过是有几分呆气，后者却是又蠢又坏。

探春只用一句话，就悄悄转了矛头。

原来她也是在维护着赵姨娘的。

用她自己的方式，在暗中默默为这个拎不清的娘保驾护航。

没有探春，平儿在处理玫瑰露一事时怎么会顾惜赵姨娘的脸面，让宝玉瞒下这件事，大事化小、小事化了。

而探春代理荣国府时，贾环和赵姨娘常常到她房里叙话，不也正是说明了他们平日里不仅有来往，而且在不牵扯到原则的问题上关系还不错吗?

或许正因为如此，探春的身上并没有那种因为深恨原生家庭而来的自卑和戾气。

她做不到惜春的那种冷心冷面，恨不得割肉剔骨来跟家人划清距离。她是一朵玫瑰，虽然有刺，但也有香与软。

有原则，但原则之外也有人情，先顾好自己，有余力才去帮助家人。是她自救的第二步。

很多人对于“逃离原生家庭”的理解，就是纯字面上的，搬出父母的家，尽量减少跟父母的联系，所有事情都要跟父母反着来。

但默里·鲍恩教授有句话说的真好：“一个人与过去切割的越彻底，他就越有可能将父母的问题放大后呈现在自己的生活里，而他的孩子就越有了能以比当初的他更决绝的方式与他切割。”

大概是因为所有决绝的逃离背后，都有跟爱一样浓烈的恨，态度越激烈，纠葛也就越深，那些斩不断的未满足并不会因为物理上的分割就自动终止。它总会在人生中自寻出路，直到把你变成你的父母。

而真正与父母的分离其实是这样一种能力，知道自己可以不跟父母一样，并且不把这种“不一样”当作反抗的手段，或者是对过去的背叛。

可以去爱父母，但也看得到他们不明智和不正确的地方；可以接受父母的爱，但也有能力拒绝爱里的控制和绑架。

既然逃不过，不如正视那些问题，寻找最好的方式解决它。

探春就是这样的人，因此我也特别喜欢1987版电视剧里，探春远嫁之前，穿戴着凤冠霞帔，对着贾政和赵姨娘遥遥一拜的那一幕。

那不是和解，而是种超越。

她知道她终将拥有更好的人生。

《红楼梦》［清］曹雪芹

系列5 十五年后，我终于看懂了薛宝钗的玻璃心

多年的老友深夜连发好几条微信，让我帮她给综艺节目中喜欢的女孩投票。

在那之前，我只断断续续地看过几眼那个综艺节目，印象里只有小姑娘在第一期里那个夸张出天际的“哇哦”，我一边点开链接一边追问“你喜欢她什么”，她回了我长长的一段。

喜欢她身上那种不加矫饰的真实和娇气，一看就不是那种特懂事的、看人脸色长大的小姑娘。

想说什么说什么，喜欢谁就一直跟谁在一起玩儿，在镜头前没有一点儿紧绷感，好像压根儿就不会去考虑“这句话会不会得罪人”“别人会不会不喜欢我了”和“万一招黑怎么办”。

她身上有种成年人少见的轻松和敞亮，那是种对世界完全不设防的状态。

看到她，就像看到那个没有被伤害过的自己。

我立刻懂了她的感受，这或许就是大多数女孩在看《红楼梦》的时候，都更喜欢林黛玉而不是薛宝钗的原因。

林黛玉就是红楼里那个不设防的女孩，虽然寄人篱下，但完全没有压抑自己的天性。整本红楼看下来，你能在书中看到林黛玉各种变着法儿哭，冷笑，拈酸吃醋，拿这个取笑又跟那个吵架。

活得真实且生命力满满，以至于你明明知道她身上有太多缺点，也还是忍不住想要靠近。

而薛宝钗像是林黛玉的反面，她出镜的时候永远都是准备好的状态，穿着半新不旧颜色的衣服，不争不抢，说话总是温柔体贴，待人处事更是端庄大气。

她聪明博学，给大观园题匾，是宝钗察觉到了元春不喜欢“绿玉”二字，悄悄提醒宝玉把“绿玉”改成“绿蜡”，喜得宝玉连连道谢，称她为一字师。

她细心懂事，过生日时贾母特意拨了银子给她做宴，她却惦记着贾母的口味和喜好，吃饭专挑甜烂的，听戏特选热闹的，让老人家开心。

她也没有分别心，哪怕是红楼里人见人恨的赵姨娘，宝钗也不忘把哥哥从南方带回来的特产分给她一份。邢岫烟冬天还穿着单衣，也是宝钗第一个发现，偷偷地给了岫烟丫鬟一些银子，帮她把棉衣从当铺赎回来。

完美的宝钗，像是一个上过多年的公关培训课，在镜头前就连一个眼神都不会给错的艺人，才不过十几岁，在人精扎堆的贾府里住了几年之久，硬是没跟人红过一次脸，说错过一句话。

不是不知道宝姐姐好，但对她就是很难爱得起来，总觉得那种好非常虚伪，好像有什么藏在背后的东西，让人莫名其妙地觉得不舒服。

我是在今年重新读《红楼梦》的时候，忽然看到了宝钗身上那种莫名让人觉得别扭的东西，那就是她面对整个世界时隐秘的防御。

第二十七回，宝钗扑蝶路过滴翠亭，听到小红和坠儿在帘子里说悄悄话，大概是贾芸送还了小红的帕子，小红还了一件谢物的小事儿。

不过这样简单的一件女儿心事，两个又都不是自己的人，宝钗一个主子姑娘，怎么也没有着慌的道理吧？

可宝钗的反应让人大跌眼镜，她故意放重脚步，假装自己在跟林黛玉捉迷藏，看到黛玉藏在这儿，才刚刚走到亭子附近，还装模作样地到假山那里找了一番，把这件事儿遮掩过去。

宝钗的这次“甩锅”，也成了她被很多人诟病心术不正的原因。毕竟听闲话的是她，“背锅”的却是林黛玉。

可这又算是个什么“锅”呢？

贾府里尊卑那么分明，一个小红一个坠儿，都是怡红院里的三四等丫鬟，连晴雯、麝月都能随便骂她们一顿，就算让她们看到自己，又能怎么样呢？

做足了戏栽赃给了林黛玉，不也就是以一句“只见文官、香菱、司棋、侍书等上亭子来了，二人只得掩住这话，且和他们顽笑”了结吗，直到结尾，这件事再也没人提起过。

以宝钗的见识和智慧，如果有充足的时间给她考虑，她大概也会意识到大费周章地甩这个“锅”给黛玉太不值。

也正是这种电光石火中的本能反应，最容易看穿一个人的心。

原来宝钗根本不是那个天生完美的女孩，不是没有私心，也不是总能把所有人一视同仁地放在心上。

宝钗其实跟你我一样，都是一个会本能地从恶意的角度构建世界的人。

跟同事想法有分歧，想到的先是“我说出来他会不会讨厌我，今后给我小鞋穿”。

明明有想法，开会的时候却成了闷葫芦，满脑子都是“枪打出头鸟，我这么高调不好吧，我一个新人要不还是保持低调吧”。

就连朋友圈发一张自拍都要犹豫半晌“别人会怎么看我呢，会不会觉得我装？算了，还是别发了吧。”

所以才步步小心，所以才察言观色，所以才对每个人都好。她对待他人的方式像是一件件供她周旋世界的铠甲，好像只有这样做了，才能让自己与那些看不见、摸不着的恶意相隔绝。

薛宝钗才是那个被“一年三百六十日，风刀霜剑严相逼”的人啊。

滴水不漏的人，才最如履薄冰。

我有时候觉得，黛玉很像是我们身边那种在聚会上辣的不吃冷的不吃，末了还要抱怨一句“唉，别老用周末时间聚会了，本来还能休息一下的，现在更累了”的特别有性格敢说话的同事。

不怕被老板听到，被讨厌也不在乎，最多感慨一句“世道艰难”，第二天还是该咋咋的。

而宝钗呢？宝钗是那种全程带着得体的微笑，把喝醉的同事挨个儿送回家，还不忘了给每个人的朋友圈都点赞的那种人。

你说她一句，她表面上什么事儿都没，心底却早已漏了一个大洞。

她所做的一切，或许都不是她想要做的，而只是她被教会去做的。

黛玉虽然幼年丧母，客居他乡又经历父丧，但父母双全之时，她也是父母的掌中宝，什么心也不用操，谁的脸色也不用看。

可对于皇商薛家来讲，在各种人物间周旋是一门必不可少的学问。宝钗早早失去了父亲，哥哥薛蟠是个呆子，母亲还一味地溺爱，她只有逼着自己变得八项全能滴水不漏，才能助哥哥一臂之力。

如果可以选择，宝钗大概也向往去做林妹妹这样的人吧。

就像宝琴进大观园时，贾母特意派人传话，说宝琴年纪小，让宝钗不要管着她，爱怎么样就怎么样的时候，宝钗感慨的那句：“你也不知是那里来的福气！……我就不信我哪些儿不如你。”（《红楼梦》第四十九回）

原来宝钗也会嫉妒，原来她一点儿也不温柔。

她只是很懂事。

而这正是她最大的不得已。

《红楼梦》［清］曹雪芹

系列6 年少只爱林妹妹，如今方懂刘姥姥

想起林黛玉和刘姥姥的这一段，源于一个朋友的经历。

她之前在广告公司工作，知道有个同行师姐要出国深造，就联系了师姐，希望师姐走之前能介绍两个大客户给自己。

师姐答应了，可当她拽着同事，从北六环的晚高峰逆流而上挣扎到北二环时，距离见面地点只有五分钟路程的师姐却迟到了。

迟到了一个多小时不说，话里话外都是“你们这种小公司能接这种项目吗”的质疑，和“这个客户很难缠哦，只有我能搞定”的优越感。

敏感如她，立刻察觉到了师姐并不是真心介绍客户给她，不过是碍于上学时的交情不好拒绝她的请求。

她心灰意冷地草草结束了跟师姐最后的会面，没多久她自己也转行离开了广告公司，跟之前的同事朋友远了联系，逐渐成了朋友圈里连赞都懒得点一下的关系。

大概过了两三年吧，有天她刷朋友圈的时候，忽然看到了同事跟师姐的合影，是在一家火锅店里。两人穿的都很休闲，不像是谈业务的样子，更像是朋友。

被好奇驱使着，她点开了跟同事的私聊，这才弄清她们亲密的渊源居然是从自己而起。

她草草结束了那场会面，又匆匆地离职之后，同事又主动约师姐见了几面。师姐果然把自己手上的大客户介绍了几个给同事，还一直帮她出谋划策维护客户关系，一来二去就聊成了闺蜜。

她听完心里酸酸的，倒不是因为同事的成功，反而是因为同事的卑微感到心疼，她忍不住问："她那天那样对咱们，你后来约她肯定受了不少气吧。"

"啊？那天怎么了？"同事回她一个表情包，"是有什么事儿我不知道吗？"

她这才明白，原来她不能忍的怠慢和质疑，对同事来讲根本就什么都不算。

好羡慕这种不在意。

朋友感慨。

这是种天然的钝感，想学也学不来。你也许能勉强自己卑躬屈膝，但永远无法像这样的人一样，做到真正的心无芥蒂。

我听着她的感慨，想起的是《红楼梦》里的刘姥姥。

刘姥姥第一次来贾府，被带着去见凤姐。凤姐斜倚在炕上，头也不抬地慢慢拨弄手炉里的灰，而刘姥姥则站在一边缩着肩赔笑。

等了半晌，王熙凤才假装刚看到她，满面春风地跟她打招呼。

这种略带鄙夷的倨傲，要放到林妹妹身上，估计又要哭好多场的“风刀霜剑严相逼”。刘姥姥却毫不在意地顺着话儿跟王熙凤拉起了家常。

二进大观园的时候，是被凤姐和鸳鸯捉弄取乐，又是把一盘子花扎在刘姥姥头上，让她扮丑给贾母取乐，又是让她吃饭时高声说“老刘，老刘，食量大似牛，吃一个老母猪不抬头”（《红楼梦》第四十回），贡献了整部红楼里最著名的笑料。

要知道，刘姥姥的年龄跟贾母也差不多，这样装傻充愣地去讨好一个同辈，想来并不是什么让人舒坦的事儿。

但刘姥姥不是逼着自己低三下四去做这一切的，而是真的不介意。

如果耿耿于怀，在贾府败落之后，她就该拍着手叫好“让你们为富不仁，当年欺负我现在活该报应”，而不是千里迢迢地去找巧姐，散尽家财救她回家。

她也不是真的傻得无知无觉任人摆布。

在鸳鸯出于礼貌说了句：“姥姥别恼，我给你老人家赔个不是。”之后，她的回答是：“姑娘说那里话。咱们哄着老太太开个心儿，可有什么恼的！你先嘱咐我，我就明白了，不过大家取个笑儿。我要心里恼，也就不说了。”

她明明知道自己是在给人扮丑取乐，但并不以此为辱。

年少的时候喜欢林妹妹，羡慕她的多愁善感，那种见花流泪见月伤心的敏锐想想就很美。

也喜欢她的敏感脆弱，把别人随意一句话拆开成好几层来听，对人对事细微的察觉和感知，是让她成为大观园里最佳诗人的天赋。

后来却越来越喜欢刘姥姥。

她是一个太清楚自己处境的人，但不因为自己的处境苦大仇深。不放大别人的捉弄，也不夸大自己的委屈。

对自己得到的一切都心怀感激，对自己得不到的也毫无芥蒂。

而太多人根本做不到这种清醒的迟钝。

稍微遭人白眼就抱怨世风日下，受一点儿气，就觉得自己是全天下最委屈的人。

因为得不到命运的垂青耿耿于怀，得到了别人的帮助也觉得“这都是我卑躬屈膝换来的，我也太难了”。

太多人如匕首清寒闪闪，唯独刘姥姥这样的人，像是明亮房间里的一盏灯火。

无足轻重，但也不灭，温和而低调。你可能不会留意她的光芒，但只要你需要，她也愿意燃烧自己为你亮着。

我有时候觉得，刘姥姥这样清醒的钝，或许正是由林妹妹那样真实的敏成长而来的。

因为太了解自己，才敢于自嘲和自黑；因为太了解他人，所以才能举重若轻地消解无意与恶意。

那是要真的想过很多事儿，又经过很多事儿的人才会有的清醒和自信。

因为世界上只有一种真正的英雄主义，就是认清了生活的真相后，依然热爱生活。

《红楼梦》［清］曹雪芹

系列7 晴雯：被委屈感毁掉的职场青年

如果把大观园比作贾府的一个分公司，晴雯一定是办公室里一抹不可或缺的亮色。

晴雯美，水蛇腰，美人肩，美到午睡起来蓬头垢面睡眼惺忪，都有“春睡捧心之遗风”，连刻薄惯了的王熙凤也要评价一句：“若论这些丫头们，总共比起来，都没晴雯生得好。”（《红楼梦》第七十四回）

外貌的美和骨子里的伶俐，让晴雯刚一出场就打动了贾母。贾母特意把她从赖嬷嬷家要到了身边，又作为骨干空降到怡红院，成了宝玉的贴身丫鬟之一。

宝玉跟贾母一样，也是资深的外貌党，更别说晴雯长得还有几分像黛玉。宝玉那么一个金尊玉贵的少爷，在外面吃饭看到有晴雯爱吃的豆腐皮包子，都惦记着差人打包先给她送回去。更别说包容她的小性子，容她撕了一箱扇子取乐。

但晴雯能成为宝玉的心腹，绝对不只是靠脸。

她的一手女红冠绝大观园。宝玉不小心把贾母给的孔雀裘烧了一个洞，连专门的织补匠人都不敢接。晴雯一个业余选手硬是用高超的“界线”手法，把弄坏的地方补得天衣无缝。

除了业务能力强之外，晴雯的工作态度也是尽职尽责。

因为睡卧警醒，举动轻便，每天晚上都是她睡在宝玉的外床。宝玉一晚上又是喝水又是上厕所，一会儿喊冷一会儿叫热一会儿说害怕，都是晴雯在跟前伺候，从来没有过一句抱怨。

长得好，脑子聪明，业务能力无人可比，工作态度也是兢兢业业，完全是职场“白骨精”的配置。因而晴雯的结局才让无数人为她叹惋。

她被王夫人赶出大观园的“原罪”，是勾引宝玉。被撵的时候生着重病，路都走不动，可王夫人不仅让人架着把晴雯丢了出去，还扣下了她身上所有的首饰钗环。

几天之后，晴雯香消玉殒，王夫人却以“女儿痨死，断不可留”为借口，一把火直接烧了晴雯的尸骨。可怜晴雯也算是大观园里有头有脸的一等丫鬟，死后居然连入土为安的资格都没有。

当然是可怜又可悲，更多的还是委屈。

从贾母身边来到宝玉身边，晴雯一共待了五年多，虽然日日睡在宝玉的房里，她却始终不越雷池一步，清清白白地跟宝玉保持着距离，就连过火的玩笑也没开过。

这顶“勾引宝玉”的大帽子，让晴雯到死都耿耿于怀。

临死前，她脱下了自己贴身的一件旧红绫袄交给宝玉，让宝玉把自己的袄换给她，就算独自在棺材里躺着，也像是还在怡红院陪在宝玉身边。

晴雯的这一举动可不仅仅是“留个纪念”这么简单,她还有一句：“回去他们看见了要问，不必撒谎，就说是我的。既担了虚名，越性如此，也不过这样了。”(《红楼梦》第七十七回)

冤到了极点又无处辩白，索性把脏水主动往自己身上泼，以杀敌一千自伤八百的姿态，完成最后的报复。

这种无望的委屈，是晴雯留给所有人的最后印象，太多人一提起晴雯就会本能地为她抱一声不平。

可晴雯又不只有委屈。

她能干，但也跋扈。打击小红，排挤芳官，越俎代庖地拿簪子扎坠儿的手，对着跟自己平级的秋纹和麝月，不是动辄冷笑，阴阳怪气地讽刺两句，就是开口闭口的“小蹄子”。

连不太常进大观园的王夫人，一提起晴雯就想起看到她在骂院里的小丫头，坐实了她的“轻狂”。

虽然忠勇，但并没什么眼力见儿，惹得宝玉生了好几回气不说，还因为自己懒得起身开门，惹得宝玉和黛玉之间生了不小的误会。

晴雯的聪明也没有体现在为老板分忧解难上。被宝玉的奶妈拿走了吃食，晴雯的做法是跟宝玉抱怨："快别提。一送了来，我知道是我的，偏我才吃了饭，就搁在那里。后来李奶奶来了看见，说：'宝玉未必吃了，拿了给我孙子吃去罢。'他就叫人拿了家去了。"(《红楼梦》第八回)

在《红楼梦》的世界里，奶妈虽然是仆人，但地位堪比一等的丫头，并不是宝玉随口一句赶走就能解决的事儿。

给老板提出难题，而不是提供解决问题的方法，永远是职场上的大忌。

反观一下袭人，同样是被李奶妈拿走了东西，宝玉问起来时，袭人的回答是："原来是留的这个，多谢费心。前儿我吃的时候好吃，吃过了好肚子疼，足闹的吐了才好。他吃了倒好，搁在这里倒白遭塌了。"(《红楼梦》第十九回)

你要是老板，你更喜欢哪种下属？你要是李嬷嬷，你更喜欢哪种同事？

答案显而易见。

因此，当王夫人对晴雯起疑时，煽风点火的人不少，有说她掐尖要强的，有暗指她勾引宝玉的。没有一个人替她说句好话。

而宝玉对晴雯虽然爱重，但在晴雯被赶出去时也是一声不吭。晴雯死后，他前脚哭着念完《芙蓉女儿诔》，后脚就跟林黛玉说说笑笑地讨论起悼文里的辞藻。

我们之所以只记得晴雯的委屈，而不记得她的跋扈和低情商，正是因为委屈感本来就是最打动人心的元素。

就像晴雯在临死前也没觉得自己做错过事儿，还只为“勾引宝玉”的罪名耿耿于怀。

晴雯的逻辑，正是很多人在处理职场矛盾上的逻辑。

骂同事坏、老板瞎，因为自己受的委屈，顺理成章地赦免了自己所有的失误和过错。

回头看看晴雯的经历，你也会发现，委屈和冤枉并不是好端端就从天而降的一口锅，而是写在每一件日常小事中的偶然，等到了一个契机之后必然的爆发罢了。

从这个意义上讲，姿态软一点儿，对人好一点儿，能帮的时候帮一把，可以不骂的时候就不要骂，不是为了讨好别人，而是对自己的保护。

能力越强，本事越大，就越要小心翼翼。

只有如此，你才有机会施展你的能力，追求你的目标，而不是在鸡零狗碎的口角中耗散精力，也不至于因为被排挤、被孤立而失去勇武之地。

职场不相信眼泪，更不为委屈买单。挺住才是一切。

《红楼梦》［清］曹雪芹

系列8 别再骂宝玉是渣男

周末在看1987版的电视剧《红楼梦》，宝玉刚哄好了林妹妹，转身就要去吃鸳鸯嘴上的胭脂。多数人都在骂宝玉滥情，是个花心大渣男。

当然不是完全没道理，一边跟林黛玉表白“我也为的是我的心”，“你死了我做和尚去”。一边跟袭人云雨，跟金钏调笑，与碧痕共浴，替麝月画眉梳头。

看到宝姐姐莹白的臂膀想摸一摸，明知道黛玉对“金玉良缘”极其敏感，见着跟湘云一样的金麒麟，顶着黛玉眼风的压力，也要往自己怀里揣。

种种暧昧与轻浮，难免让人怀疑他到底是不是爱黛玉。

如果不爱，何必每每做小伏低加赌咒发誓地哄她高兴。如果真的爱，又怎么会放着心爱的人在眼前，还跟其他女孩打情骂俏，生出许多暧昧的小心思。

在爱情里“不确定”带来的刺痛和恐慌，其实远远比一句简单的“不爱”要多得多。人性本就贪多图稳，当你知道一个人已经给了你百分之五十的爱，本能的就想要把剩下的百分之五十也抢过去。

也难怪黛玉要靠着天天耍小性儿发脾气醋坛子打翻来试探宝玉的感情，爱一个这样的人，就像是牵着一只飞得太高的风筝，哪怕明知线没断，也忍不住时不时要拉一下，确认它还在。

为什么宝玉的种种行为这么招恨？我想，或许跟宝黛的恋爱线完全不符合常理的期待有关。

要知道，宝玉和黛玉可以说是一见钟情，“这个妹妹我曾见过的”，才认识第一天，就为黛玉摔了命根子似的通灵宝玉。

按照常见的恋爱流程，一见钟情之后就是热恋期，干什么都只想着你，眼中根本看不到其他女孩，恨不得一天二十四小时黏在一起。

宝玉偏偏不按套路出牌，前一秒刚刚跟灵魂伴侣一见钟情，下一秒就能去撩别人。

他知道黛玉要什么吗？

我想他是懂的，不然也不会每次吵架都能精准地安抚黛玉的不安和痛点。

所以我更倾向于相信，他其实什么都知道，只是不愿意委屈自己，来满足黛玉对“专一”和“特殊”的要求。

听上去自私吧？

那退一步来想象一下，如果宝玉一开始就对黛玉做出了“以后我再也不看别的女孩，不跟其他人玩，只陪着你”的承诺，又会怎么样呢？

刚开始，在热恋的新奇和激情中，维持这样的承诺是件很容易的事儿，但新鲜感总会慢慢褪去，无话不说慢慢变成无话可说，日常的相处成了大眼瞪小眼，恋爱开始有了窒息感。

任何一点儿矛盾和摩擦，都会变成“我这不都是因为你”的怨怼和“不是你自己说你爱我吗”的委屈。

熟悉吗？

是不是像极了我们身边总是因为鸡毛蒜皮的小事儿冷眼相对的怨偶，三更半夜还在为了“你说话不算数”和“都是你太作”吵个没完的夫妻。

汹涌的爱太容易了，脱口而出的承诺也太容易了，真正难以做到的，反而是在爱情最炽热的时候，从那团白光上移开眼。

而宝玉给黛玉的，正是这样一份克制的爱，也正是因为这种缓慢释放的爱意，才让宝黛之间的感情脱离了“情到浓时情转薄”的魔咒，始终保持着一种上升的态势。

是的，宝玉并不是个从一开始就很好脾气、很专一的男孩。

嫌丫鬟们开门开得慢，直接看也不看给袭人当胸一脚，跟晴雯吵架，像个妈宝一样的口口声声“回太太打发你出去”。

看到鸳鸯刚涂的胭脂，就像猴儿似的要爬到人家嘴上吃两口，看见金钏打着扇子情思睡昏昏，就忍不住要调戏几句。

见着小戏子龄官在地上写写画画，自己淋着大雨也要提醒龄官避一避。

但也正是那些粗暴和冲动，让他明白了懊悔的痛苦，那些轻浮的调戏，让他理解了责任之重。

是那些不分对象的示好，让他明白了不是所有人都像林黛玉一样懂他。被龄官无视和拒绝，让他意识到自己虽然金尊玉贵，也不是所有女孩都要围着他转，最终也不过是“各人得到各人的眼泪”罢了。

一个人经历过的所有人，都是为了让他学会爱他想要爱的那个人。那些过客像是桥梁，终于将一个懵懂的局外人带到了解的彼岸。

对黛玉说不清道不明的好感终于变成了笃定的相知相许，后来进大观园的宝琴那样明艳活泼，连贾母都忍不住赞不绝口，你可见宝玉像从前那样各种示好调戏？

至此，宝玉终于摆脱了荷尔蒙的绑架，成了一个懂得克制和珍惜的人。

还觉得他“渣”吗？

那不过是一个人长大的旅程。

跟宝玉的爱情之路相反的，是马尔克斯笔下《霍乱时期的爱情》。

那才是我们都喜闻乐见的“一见误终身”的故事。男主角阿里萨对富家女费尔明娜一见钟情，两人短暂谈了几个月恋爱，费尔明娜就在父亲的干涉下出门远游。

旅行让费尔明娜狂热的头脑慢慢清醒了下来，她发现自己其实根本就不了解阿里萨，更别说爱了，果断地单方面宣布了分手，嫁给了门当户对的达萨医生。

可阿里萨没有放弃，他决定终身不婚来等待费尔明娜。在达萨医生的葬礼上，他几乎是迫不及待地对费尔明娜表白：

这个机会我已经等了五十一年九个月零四天，就是为了能再一次向您重申我对您永恒的忠诚和不渝的爱情。

我一直为您保留着童贞，我爱您。

听上去多动人，可当你知道在阿里萨五十一年的等待背后，跟六百二十二个女人谈过恋爱，甚至有个十四岁的小姑娘因他的逢场作戏而死时，会不会像是吞了一只苍蝇一般恶心？

爱一个活生生的人太难了，可爱一个幻影却很容易。否则要怎么做到一边口口声声说着“我为您保留着童贞”，一边面不改色地跟其他女人鬼混。

他爱的哪里是她呢？不过是自己的执念而已。

太轻易许下的诺言，最容易碎。太快说出口的表白，冷却得最快。

“爱”这个字，本来就是世间最轻浮的东西，你得用很沉重的东西才能确认它。

对于宝黛来讲，沉重是他们从模模糊糊的互有好感，跌跌撞撞走向非你莫属的那条路。

是一次次争吵又和好之后确认了是你，是那个活生生的、不完美的你，而不是我想象中你的影子。

看遍万紫千红仍然觉得你最好，是最后的最后在认定了是你之后，合上心扉不再随便去爱别人。

那或许不是旁观者看来最爽最惬意的故事，但又有什么关系呢？

爱本来就不是需要别人叫好的演出，它只是想要触碰，却缩回手而已。

《红楼梦》［清］曹雪芹

系列9 所有不会哄女友的男生，都快点来学贾宝玉！

说起文学作品里最难哄也最难懂的女性，《红楼梦》里的林黛玉应该稳居榜首。

心思又多眼又准，嘴上不饶人，内心的小剧场更是一刻不停，就连在宝钗家吃个酒，或者看到宝玉给湘云留了一只金麒麟，也要半是讽刺半含酸地跟宝玉吵闹。

在“诉肺腑心迷活宝玉”之前，宝黛二人吵架的频率高到让人窒息。

第十八回，误以为宝玉把她亲手做的香囊给了人，吵。

第二十回，因为宝玉去看了宝钗，吵。

第二十二回，湘云把戏子龄官比作黛玉，宝玉给她使眼色的时候被黛玉看到，吵。

第二十八回，在怡红院吃了晴雯的闭门羹，吵。

紧接着二十九回，张道士给宝玉提亲引发矛盾，更是吵得激烈到连贾母和王夫人都双双出动。

更别说还有三天两头的冷战，有意无意的试探和嘲讽，像是要故意把通往内心的那条路弄得极其坎坷，才配得上披荆斩棘而来的那个人。

而宝玉在“哄女生”这方面的实力，堪称恋爱中的教科书。

随便举个例子。第二十回里，湘云来贾府做客。黛玉去看湘云，正好碰见宝玉和宝钗结伴走来，立刻醋坛子打翻，冷笑道：“我说呢，亏在那里绊住，不然早就飞了来了。”

宝玉这时候还没意识到有坑，顺嘴答了句：“只许同你玩，替你解闷儿。不过偶然去他那里一趟，就说这话。”

这一句如同火上加油，黛玉立刻恼了：“好没意思的话！去不去管我什么事，我又没叫你替我解闷儿。可许你从此不理我呢！”说着，便赌气回房去了。

于是这场吵嘴变成了一道附加题：

已知：女方“好好的就又生气了”，还拒绝沟通。

求：如何化解矛盾，同时增进感情。

选项A：不理她，让她自己静一静，反思一下自己有多过分。

选项B：追上去跟她理论，明明就是陪你的时间最长最多，还吃什么飞醋。

选项 C：追上去认错，千错万错都是我的错，你别生气了好不好。

选项 D：其他。

你可以想想自己，或者身边的情侣朋友在类似的情况下最常见的处理方式。

抛开 A 这个明显的自杀性举动，出现频率最高的选项应该是 B 或 C。

对于认死理的直男来讲，凡事都要掰扯个清楚，你不是气我到宝姐姐那儿去吗，那咱们算一算我一个月往你那儿跑几回往她那儿跑几回。不信，你还可以问问那个谁谁谁。

特德 · 姜在小说集《呼吸》中就构想了一个类似的黑科技：只要你愿意，你可以随时把自己的记忆像电影一样点播并投影在对方面前，开始摆证据讲道理。

有时候你的证据越多，就越容易激化争吵。

矛盾并不会因为你有了证据占了理就迎刃而解，它只会悄悄转移到"就算你这次对了，那上次……"和"反正你就是一点儿也不在乎我"这类更难说清的问题上。

另一部分聪明的男生朋友，则会选择选项 C：不管咱们之间有什么问题都是我的问题，千错万错都是我的错。

听上去态度够好了吧？但在真正的恋爱关系里，没有几个女孩会为这句话买账。

原因也很简单，这句话虽然听起来像是服软，本质上却是在拒绝沟通，在“好好好都是我的错”背后，总是藏着一句“我都认错了你还生什么气”的潜台词。

这种潜台词会给女生一种感觉：你根本不关心她这个人，只是把她当个麻烦想摆平而已。而两个人之间的矛盾，也会因为拒绝沟通，不断在其他事情上重演甚至放大。

排除了所有的错误选项，来参考一下贾宝玉的选择。

“你这么个明白人，难道连‘亲不间疏，先不僭后’也不知道？我虽糊涂，却明白这两句话。头一件，咱们是姑舅姊妹，宝姐姐是两姨姊妹，论亲戚，他比你疏。第二件，你先来，咱们两个一桌吃，一床睡，长的这么大了，他是才来的，岂有个为他疏你的？”

看上去是不是挺摸不着头脑？但这正是宝玉最高明的地方，绕过事实层面的矛盾，直接上升到感情的层面。

真正惹黛玉生气的是什么呢？

其实压根儿不是宝玉偶然去找了宝钗一趟的事实，而是他的那句“只许同你玩，替你解闷儿。不过偶然去他那里一趟，就说这话”。

黛玉对爱情的要求，一向是专一且独特的，而宝玉的这句话恰好推翻了她对爱情所有的期待，“我可以去找你，也可以去找她，可以替你解闷，也可以陪她说话”。

这种“中央空调”似的一碗水端平，才是黛玉最害怕的事儿。所以她才立刻生气，用“去不去管我什么事，我又没叫你替我解闷儿”

来掩饰自己的伤心和失落。

读不懂这一层的情感，就很容易陷入事实层面的纠纷，弄得不欢而散。而真正的沟通高手，可以放下事实上的争执，去读懂对方这句话的话外音，也就是背后的情感。

《关键对话》一书提出，所有的沟通都是同时在三个层面发生的对话。

第一层，是事实；第二层，是情感；第三层，是自我认知。

停留在事实层面的沟通往往是最低效的，真正高效率的沟通不是摆平事，而是搞定人。

这个沟通技巧不仅仅在情场上有用，在职场上也是非常加分的技能。

我曾经跟一位非常难缠的同事打过交道，今天抱怨时间太短，明天抱怨预算不够，永远都在要资源，我每天看到他都恨不得绕着走。

但我也亲眼看到，这样剑拔弩张的一个人在一句“我知道你这段时间超辛苦”的简单安慰之后，像是一只被捋顺了毛的猫似的平静下来。

我也是那个时候才读懂了他的抱怨。

在那之前，我们每天的对话都是在事实层面纠缠，“上一个项目就是两周完成的，这次两周半时间不少了”或者“新招一个人培训成本有多高，你知道吗”。

我看不到他的抱怨背后是渴望认可和共情，而对于生活在我们传统中的大多数人来讲，是不愿意，也不能够这么坦荡地把自己情感上的需求讲出来。

正因为如此，能够听出话外音，直接破解对方情感需求的人，常常会给人一种“知音感”。

贾宝玉就是这样一个在感情里无师自通，可以直接走进情感层面的高手，通过“亲不间疏，先不僭后”的一段话，他完美解决了黛玉情感上的需求：我对她跟对你是不一样的，你是我最亲近的人。

黛玉一下懂了，就不再使性子，而是明确说：“我难道为叫你疏他？我成了个什么人了呢！我为的是我的心。”然后就半含羞地抱怨宝玉穿得太少不注意保暖，用娇嗔来表示歉意。

至此，宝玉几乎完美地化解了一场“无事生非”的争吵，还顺手把这场争吵变成了一次表白，让两个人的感情更上一层楼。

《红楼梦》

[清]曹雪芹

系列10　那个没见过温柔的人，过着怎样的人生？

如果说《红楼梦》里真有什么反派，贾环一定名列其中，而且还是你一眼看去就能认出的那个。

贾环是贾政的庶子，长了一张不讨喜的脸，就连一向遭贾政嫌弃的宝玉，在贾环“人物委琐，举止荒疏”的对比下，也显得“神彩飘逸，秀色夺人”，让贾政平日的厌恶之心都去了七八分。

元宵节元春从宫里传来了灯谜，除了贾环和迎春猜错了答案，其他人却猜到了。

好歹也是每天去上学的公子哥儿，出个灯谜也是前言不搭后语，以至于一贯雍容的元春都刻薄了一把，直接连猜也不猜，就让太监把他带了回来，成了众人茶余饭后的笑话。

人要是蠢，就不能坏，贾环偏偏总是要靠着使坏换一点儿存在感。

因为嫉妒宝玉得王夫人宠爱，就把滚烫的灯油推倒在宝玉脸上。在贾政面前告宝玉的黑状，害得宝玉狠狠吃了一顿板子。

对贾环这样的人，总是三分同情，抵不过七分嫌恶。

这世道并不是完全不给平庸之人出路，他大可以像迎春那样做个木木的人，或者像惜春一样，以清冷的性子跟周围的一切切割干净。哪怕就是低调一点儿，也总好过自取其辱。

可他偏不，像个跳梁小丑一样，让人忍不住要骂一句“活该”。

我这几天在读严歌苓的中篇小说，看到了一篇名为《耗子》的小说。说的是文工团里有个女孩叫黄小玫，因为狐臭和爱藏东西，受到女孩子们的排挤。

人物的原形，很像是《芳华》里的何小萍。

但她又不是何小萍那样自尊自守的女孩，明知道自己不受待见，还要把“干巴巴的油条，啃得缺牙豁齿的馒头，三天前午餐的卤豆腐干”藏在被子里，自己晚上偷吃，像只耗子一样猥琐。

她甚至还有窥私的怪癖，文工团的女兵们在阳台上发现了一个垫着海绵的胸罩，其他女孩不过猜几句笑几声，黄小玫却能在天桥上守到深夜，暗戳戳贱兮兮地等待捕获那个胸罩的主人。

每年例行的身体检查，她都要等到最后，然后跟妇科档案室的护士搭讪，偷看其他人的检查记录，看看那些平时最得势的女兵的关键栏目里，是否填写着跟她一样的“未婚形外阴”。

这么做多少有点儿恶心吧，而这样的恶心，又会变本加厉地落回她头上，变成罪有应得。

可严歌苓也借着穗子之口，在很多年之后跟黄小玫这样的人达成了谅解：

她知道一切无法追究的丑恶怀疑最终都会在她这儿落定……她必须时刻准备着，一旦侮辱不可忍受，她能亮得出一颗咬人的秘密牙齿。

忽然就想起红楼里的贾环，和不知道在哪儿看到的一句话：人际关系紧张，概括来说，就是“没怎么被人温柔地对待过”。

红楼里有谁真正温柔地待过贾环吗？

宝玉只爱姐姐妹妹，一贯没有什么兄弟情，亲姐姐探春也不喜欢他，做鞋给宝玉，从来没他的份儿。

王夫人留住他抄《金刚经》，端的也是母慈子孝。可正主儿宝玉一进来，王夫人眼里的爱就藏不住，宝玉可以躺在王夫人怀里撒娇，可他只能一边端坐着抄经，一边忍受王夫人身边丫鬟们的嫌弃。

王夫人骂着赵姨娘，一不留神就是一句“养出这样黑心不知道理下流种子来”，字字句句都是打在贾环脸上的耳光。

嫡母这样也就罢了，亲妈也好不到哪儿去。贾环跟宝钗的丫鬟玩牌输了钱，被丫鬟抢白不如宝玉，又被随后赶来的宝玉赶了出去，自己都委屈得不得了，亲妈赵姨娘不仅不安慰他，还劈头就是一顿骂：“谁叫你上高台盘去了？下流没脸的东西！那里顽不得？谁叫你跑了去讨没意思！”

这种漫山遍野的嫌恶和恶意，对一个人的人格是种很可怕的摧毁。

它让一个人厌恶自己，却也只能依靠被厌恶着的自己。它也让人对身边一切都充满了愤恨和怀疑，身不由己地推开身边仅存的暖。

我有时候觉得，贾环像极了雨夜里的一只流浪狗，你看它骨瘦如柴，看它瑟瑟发抖，心有不忍地想替它拂拂雨水，可刚伸出手，就被它咬了一口。

贱吗？坏吗？

从来没人温柔地摸过它，它怎么知道这只向自己伸来的手，背后藏的是善还是恶。

《红楼梦》里有两个真心待贾环的丫鬟彩霞和彩云得到了什么呢？

彩霞被王夫人使唤着去哄宝玉睡觉，眼睛却只看着贾环，这份心得到的却是贾环的风言风语：

“我也知道了，你别哄我。如今你和宝玉好，把我不答理，我也看出来了。”

彩云把很多东西私赠给了贾环母子，提心吊胆了好几天，直到宝玉因为不想闹事儿，把少了东西的事儿应承下来，才松了口气来给贾环母子报信。

可迎接她的，并不是“苦了你了”的体谅，甚至连一个微笑都没有。她偷偷补贴贾环的那些东西，又被贾环摔回了她脸上：“这两面三刀的东西！我不稀罕。你不和宝玉好，他如何肯替你应。你既有担当给了我，原该不与一个人知道。如今你既然告诉他，如今我再要这个，也没趣儿。”（《红楼梦》第六十二回）

我每每看到这一段都会觉得遗憾。

贾环这种人的一生，大概都得不到幸福了。

他渴望被人接纳和偏爱，却永远对别人的善意充满了怀疑，以至于要揪着所有蛛丝马迹，一遍遍去质问和验证：你不是骗我的吧？你是真心的吗？你真的不会变吗？

像是一个坐在过山车上的人，却拼命拿刀去割维系着自己生命的安全带，等到唯一的那点儿牵绊也断开，就只剩下万劫不复。

我也是在后来才明白从没被爱过的人，为什么总要走进这种自毁式的悲剧命运。

人皆是为了自己的幸福而活，一生奋斗的目标是被爱、被承认、被尊重。

唯独贾环这样的人，一生的努力都是在证明他从童年就得到的那个印象“我是个很糟糕的人”。

一语成谶，他真的长成了一个猥琐的、丑恶的、上不了台面还满肚子坏水的人。

去爱吗？去包容吗？去欣赏吗？他自己都没得到过的东西，怎么可能给予别人。

这样的人，连得到的怜悯都不纯粹，而怜悯中的嫌弃和指责，又会逼着他们退回自己那个糟糕的壳里。

像是一个永远无解的循环，封住一个人走向光亮的脚步。

而他们也注定没办法温和平静。

害怕被人伤害，于是去伤害别人，害怕别人看不起自己，索性就把自己丢到尘埃里。在自毁和被别人毁掉的不甘心之间，戾气和阴暗自然滋生。

我不知道这样的人会走进什么样的结局，会像黄小玫一样疯掉，还是会像贾环一样，无声无息地被边缘化。

像一滴露水，无声无息地消失在黎明里。

无人在意。

《金瓶梅》

[明] 兰陵笑笑生

系列1 人最大的拎不清，原来是痴情

晚年的张爱玲在旧金山公寓接受采访，谈到《金瓶梅》，说每每看到李瓶儿死的那几章都忍不住大哭。

当然有感慨她死亡之残酷的成分，但我想更多的是瓶儿死前的孤单，让独居的张爱玲也心有戚戚。

李瓶儿是西门庆的第六个小妾，也是《金瓶梅》里当仁不让的女主角之一，自从儿子官哥儿被潘金莲设计害死，李瓶儿很快也走上了自己生命的末路。

一个如花似玉的美人，瘦得脱了形，不得不在床上垫着草纸便溺，靠熏香来遮挡异味已经是太残忍的折磨，更残酷的还是她身边人的反应。

口口声声说最心疼她的西门庆，在瓶儿病重期间还夜夜笙歌，每天喝得醉醺醺地回家，跟她聊两句话，转身就进了她杀子仇人潘金莲的房。

表面上最护着她的月娘，明知道瓶儿有血崩之症，还在家宴上请她吃一碗好甜酒儿，推着她加速迈进鬼门关。

她从小到大的养娘冯妈妈已经傍上了西门庆的新欢王六儿，在临终的李瓶儿面前，满心想的都是“你若有些好歹，我怎么办”。

她请来为自己念经祈福的尼姑只顾抱怨同伴分钱不均，她认的干女儿吴银儿直到她死后才踏进西门家。

最冷酷的孤独并不是身边空无一人，而是虽然围着满满当当的人，却没有谁真正关心你。

比起潘金莲惨烈的死法，李瓶儿看似平和的死亡更让人心惊。而更让人遗憾的是，她原本也是最有机会逃出这个结局的人。

作为西门家最有钱的女人，李瓶儿本该有足够的底气和从容在西门家行走，更别说当时的她还为西门庆生下了唯一的子嗣官哥儿，一度独得西门庆的宠爱。

有钱，有爱，有儿子，就算在后宫戏里也是笑到最后的剧本，可你就是看着她把自己的一手好牌打得稀烂，糊涂程度让旁观者也忍不住叫声可惜。

李瓶儿出错第一张牌时，还是嫁给西门庆之前。

她当时的丈夫花子虚因为分家时的财产纠纷被几个兄弟告到了官

府，已经跟西门庆打得火热的李瓶儿做出了一个惊人的决定：

把自己的财产都转移到西门庆家，而且还要掩人耳目，偷偷地从墙上过。

那可不是一两个布包裹、几块碎银子那样简单，而是满满几大箱子金银财物，仅仅是那一百颗西洋珠，按当时的购买力换算就相当于现在的好几百万。

一半当然是害怕官司于己不利，这些金银财物被几个兄弟瓜分，更多的其实是对西门庆的一种投诚：看，我全部身家都托付给你了，我是你的人了，你要好好待我。

可对于西门庆来讲，拿了你的钱和要娶你这个人，完全是两码事。

他是个会情迷意乱的男人，但也是个精明的生意人，娶妾当然简单，可万一她夫家那些兄弟纠缠不休怎么办，万一被人议论抢了结义兄弟的女人怎么办。

种种不堪一击的万一，都成了西门庆不肯娶李瓶儿的借口，而她只能一次又一次地哭着求他“娶我吧娶我吧”，一连哭求了五次，却换来了西门庆的彻底失踪。

西门庆的儿女亲家刚出了事，他自己都焦头烂额，哪里还能分出心来处理李瓶儿的哭诉以及娶她可能给自己惹上的一身麻烦。

在感情还不确定的时候敲定不动产的归属，就是李瓶儿出错的第一张牌。

她本可以守着大笔的钱财慢慢挑选慢慢考验，孟玉楼身家远不如她，年龄也比她大，都被媒婆踏破了门槛，可想而知李瓶儿在婚恋市场会有多受欢迎。

可她的大部分财产已经给了西门庆，又没有任何可以制约西门庆的手段，一旦西门庆不娶她，就只剩下人财两失。

那是多不划算的示好，代价是亲手斩断了自己其他所有的选项，爱情的号角刚刚吹响，她就已经输得一塌糊涂。

而第一步没站稳的人，又很容易走错第二步。找不到西门庆，李瓶儿居然转身就草草地把自己嫁给了给她看病的蒋竹山。

表面上看像是对西门庆的报复，实质上不过是焦虑的倾泻。

她像一个已经等了太久公交车的人，风里雨里终于等得心灰意冷、精疲力竭，下一辆不管来的是什么车，能不能到目的地，都顾不上了，要像救命稻草一样死死攀上去。

既然不能嫁给想嫁的人，就随便嫁给什么人，这种破罐子破摔的做法，是李瓶儿走错的第二步。

以西门庆当时的身家地位，对衙门里一个小小的提刑都要服软，要是真的后悔气不过，李瓶儿原本可以找一个更有权有势的人，开启复仇女神模式。

可她嫁的偏偏是连开个药铺子都要靠自己补贴的蒋竹山，西门庆不过略施小计，蒋竹山就只能束手就擒。

至此李瓶儿终于历尽波折进了西门家，好在西门庆对她正在兴头上，两人只用了一晚就冰释前嫌，瓶儿很快就怀上了西门庆的孩子。

就当你以为从此她就母凭子贵，可以过上平安顺遂的一生时，李瓶儿又用最后一记昏招，把官哥儿和自己双双送上了黄泉路。

这次的昏招，叫作无底线示弱。

官哥儿出生之后，李瓶儿母子因为受到西门庆的偏宠，成了潘金莲的眼中钉，遭遇了几次三番的挑衅。

第一次，潘金莲在官哥儿还没满月的时候就把孩子高高举起（婴儿脖子无力，很容易因为举高高导致颈椎受伤），虽然被月娘及时喝止，但还是受惊哭了好几个晚上。

第二次，官哥儿在扫墓的时候受惊，一屋子人好不容易哄睡了他，潘金莲就在隔壁的院子里又是打狗又是打丫鬟，弄得鸡飞狗跳，又把孩子吓醒。

这么满当当明晃晃到溢出的恶意，李瓶儿真的迟钝到毫无察觉吗？我不信。

但她还是用了最傻的一招，忍气吞声不跟潘金莲争论，也不告诉西门庆，甚至在月娘找她说话的时候，直接把孩子单独留给了潘金莲。

我每每看到这一段的时候，都觉得李瓶儿像极了身边的一些人。

被一步步逼向绝路，生存空间不断压缩，眼看连活路都没了，还在安慰自己“要善良，要忍耐”，不敢反抗，不敢声张，不敢争取。

以为自己的示弱总能感动对方，换来一丝丝友好，可挂着微笑的脸，迎上的却是致命一击。

李瓶儿本有太多机会带着官哥儿逃离潘金莲的魔爪，把孩子看紧一点儿，搬得离潘金莲远一点儿，跟潘金莲直接吵一架，甚至是主动出击找西门庆告状。

可她只是被动地等着，直到等来了孩子和自己的死亡。

李瓶儿这三记昏招看上去毫无联系，但仔细想想，每一招都是出自“痴情”。

因为痴情所以急匆匆错付，因为痴情所以自暴自弃，又因为痴情，不愿让他夹在妻妾之争中为难。

她一生都拎不清的根本原因在于，她始终觉得爱情就是一切，以为嫁给意中人就可以靠港，躲在婚姻里就能逃过风波，却忘了意中人也是无心人，而婚姻关系本身，就是最大的风浪。

要想活下去，好好地活着，仅仅有钱和有爱都是不够的，还要有与之匹配的心计和手段。

要爱，但千万不只要爱。行走在这魍魉世间，只有一腔痴情远远不够。

这或许就是李瓶儿用生命告诉我们的事。

《金瓶梅》

〔明〕兰陵笑笑生

系列2 《金瓶梅》里最好命的女人告诉你，要想活好这一生，真的不只靠努力

《金瓶梅》的后几十回，是大型“有情皆孽，无人不惨”的名场面。

李瓶儿死，西门庆死，潘金莲死于武松之手，庞春梅虽然嫁得良人，却还是死得莫名其妙。西门庆唯一的女儿被虐打到上吊自尽，白眼狼女婿陈敬济也落得家财尽失，身首异处。

李娇儿处心积虑却重入勾栏，孙雪娥重遇旧爱却被卖入妓院。月娘唯一的骨血孝哥儿被高僧幻度，养到十五岁的儿子凭空从自己眼前消失，最后只得依附家里的小厮和丫鬟过活。

像是一曲哀歌终于唱到了头，一大家子如鸟雀散，死的死了，活

着的也都不好过，机关算尽一场又一场，最后也不过是白茫茫大地真干净。

在这种低沉到压抑的色调里，唯一一抹鲜艳，来自谁都没想到的孟玉楼。

孟玉楼是谁？

她原本是商人妇，丈夫身亡的第二年，嫁给了西门庆做第三房。自带数量不菲的财产，由原来的夫家人送嫁，入了西门府。

西门庆死后，孟玉楼在一次上坟的途中被李衙内看中，以三十七岁的年纪嫁进了李衙内府中，做了大房娘子。

李衙内对孟玉楼无比爱重，在她入府之后不仅主动遣散了自己的侍妾，在孟玉楼被陈敬济攀诬，李衙内父亲逼他休妻，挨板子挨到要断气时，还口口声声宁死也不负孟玉楼。

至此，《金瓶梅》里所有女性“白首不相离”的美梦，最终都落在了孟玉楼身上，让她成了整部书里最被偏爱的一个女人。

为什么偏偏是她？

答案不难找，孟玉楼本来就是美人坯子，那张没有受过欺负、不沾染世俗烟火、也没有戾气的脸即使到了三十七岁依然无比动人，难怪李衙内对她一见倾心。

再倒推一点儿，她为什么能在“妖孽横生”的西门府中过得富贵顺遂？很大的一个原因其实就是因为有钱。

西门庆对她淡淡的，她也就对他淡淡的，反正她自己有大笔家产，用不着要像潘金莲一样汲汲营营地小心算计。

在旋涡中保持淡然的人永远都受欢迎：月娘喜欢她，因为她明事理懂规矩；潘金莲喜欢她，因为她出手大方善解人意；李娇儿和孙雪娥也喜欢她，因为她从来不讽刺谩骂，也从不背着人说是非、挑拨离间。

这些同性间的友好让她得以摆脱深门大院的寂寞和怨毒，被岁月洗礼为一块温润的美玉。

再退一步，那些给了她在西门府里不争不抢、不作不闹的底气的财富又是从哪里来的呢?

一念至此，孟玉楼的故事就又没那么励志。那些钱并不是她自己娘家的财产，更不是她自己努力的成果，而是因为她初嫁的是一个短命的商人。

如果孟玉楼初嫁的是武大郎那样的人，她会不会成为第二个潘金莲？这是我在看《金瓶梅》时常常在想的问题。

孟玉楼和潘金莲的命运完全是两个极端。潘金莲努力，孟玉楼好运。

潘金莲自小学艺，弹得一手好琵琶，做得一手好针线，曲艺也通文墨也通，偏偏身不由己落到了武大郎那样的人手里。

而孟玉楼不懂曲词，女红一般文墨不通，却能嫁给超会赚钱的商人。

潘金莲不惜谋杀亲夫手染人命，也不过只是一顶小轿偷偷抬进了西门府。

孟玉楼只是在媒人的撮合下见了西门庆一面，就有气派的送亲队伍风风光光送她进门做了三奶奶。

潘金莲费尽心机，百般讨好西门庆，偷偷勾引陈敬济，不过是为了在动荡的世间给自己找个能安稳落脚的树枝，最终却死得那么惨。而孟玉楼不争不抢，轻轻松松觅得良人。

要是《金瓶梅》的时代有网络，我想潘金莲在回顾自己的一生时，或许也会忍不住 @ 一下孟玉楼：

我那么努力，却还是输给了你的好运气。

公平吗？当然不，但人生何时有过公平可言呢？

有的人就是努力了一辈子也走不到罗马，而有的人就出生在罗马。

有的人无论怎么挣扎都会离自己想要的生活越来越远，而有的人，好像什么也不用做就能得到上天的眷顾。

所以才有了那句话：明白了人生中 10% 的运气，也就明白了所有的不公平。

这当然不是在说努力一点儿也不重要，但很多时候，它的确没有你我想象中那样重要。

生活在虚构线性世界的人常常会因为太迷恋努力而不自觉地变得刻薄，正如你常常听到的那种论调：

“要是她上中学的时候好好学习，现在也不至于拿流水线工资。”

“要是她每天下班后坚持学英语，肯定不会混成这样。”

“她是努力了，可还是不够，三个小时学不会，为什么不能学十个小时呢？”

但真实的生活从来不是只要努力就能成功，只要坚持就能登顶。相反，它其实充满了《金瓶梅》一样的无常，每个人的生活都是由命运那只看不见的手支配的。

生在什么样的国家，有什么样的家人，遇到什么人，有什么样的际遇。很多时候都身不由己。

明白了这无常，也就会生出一种悲悯。

有的人就是会把自己活得像潘金莲那样一塌糊涂啊，但那真的不是因为她从来不曾努力。

她或许也很努力地在活了，她只是不够好运。

再深究一步，孟玉楼的一切真的只是因为运气吗？

如果不是她跟前夫的姑姑和弟弟都相处得不错，他们怎么甘心轻易就让她带着大半遗产改嫁西门庆，甚至欢欢喜喜地为她送嫁。

豪阔如李瓶儿，不也是因为家产的事儿闹上了官府，差点儿落得个人财两失吗。

嫁入西门庆府，孟玉楼也并不受宠。西门庆喜欢的女人是那种个子小小、丰满又会调情的，孟玉楼偏偏瘦高且正派，并不是西门庆中意的类型。

如果她不甘心，拈酸吃醋到处挑起战火，能不能活着改嫁不好说，但常年浸淫在嫉妒和愤怒中的一张脸，绝对不会好看到哪里去，大概率得不到李衙内的一见钟情。

改嫁之后，如果她还是像对西门庆那样不冷不热地对待李衙内，恐怕也很难收获李衙内的生死不弃。

这也是我觉得孟玉楼这个人最有意思的地方。

她的确命好，但如果没有性格的加持，她也抓不住天降的好运。

从这个意义上讲，人一生最有效的努力，其实不是学什么知识，有什么才艺，懂多少讨人喜欢的伎俩，而是修炼自己的个性。

顺遂时不骄不躁，失意时不吵不闹，有机会就跳起抓住，在谷底就顺势躺平。有分辨处境的清醒，有就地认㞞的身段，也有一跃而起的勇气。

当性格遇到际遇，就成了命运。

《金瓶梅》［明］兰陵笑笑生

系列3 不只是个坏女人的潘金莲

说起古今中外的“坏女人”，一定少不了潘金莲。

自打《水浒传》里一亮相，所有蛇蝎心肠、水性杨花的角色都有了姓名，《金瓶梅》里更是坐实了她的色欲和荒唐，以至于最后她死在武松的刀下，竟成了人人叫好的结局。

潘金莲死得其所吗？当然，药死武大，吓死官哥儿，气死李瓶儿，就连西门庆也是阴差阳错地死在她手里，惨烈的死亡的确让人感叹一句咎由自取。

但明艳聪明的潘六儿，是怎么变成了死有余辜的潘金莲，是我最近重翻《金瓶梅》时，一直在想的事。

潘金莲的出场，是让人有几分惊喜的。

会描鸾刺绣，针线上算是一绝；懂品竹弹丝，又弹得一手好琵琶，对各种时兴小曲儿了如指掌。

熟悉到什么程度呢？后来李瓶儿死后，西门庆宴客时点了一出《玉环记》，席间五个妻妾，只有潘金莲一下就听出了唱词里的思念之意。

在《金瓶梅》女人皆文盲的设定里，潘金莲配得起一声才女。

有才不说，人还长得好看，十八岁就出落得脸如桃花眉似新月，再加上会打扮，描眉画眼，傅粉施朱，称得上一等一的大美人。

上天给了她美貌和才华，却并没有给她与之相匹配的命运。

买了潘金莲的张大户收用了她，却因为惧怕主家婆不敢给她名分，索性把她许给了武大，图的是地利之便。武大就租着张大户的铺子卖烧饼，门里门外，张大户时不时找潘金莲私会，要多方便有多方便。

直到张大户身死，潘金莲和武大搬了家，看上去好像一切要归于平静尘埃落定的时候，武松出现了。

潘金莲对武松一见钟情，对武松百般调戏和引诱，成了她最初的罪名。可在潘金莲从小长到大的环境里，美色本来就只有一个用途，就是得到男人的青睐与欢心。

以前是张大户，现在是武松，不过是换了个人而已。更何况武大也曾经默认了张大户和潘金莲的不清不楚，为了几两房租，“虽一时撞见，也不敢声言”。

什么是妇道，什么叫廉耻，对潘金莲来讲不存在的，从来没人告诉过她应该如何又不该如何。她丝毫不懂得这世界的任何规则，像一只贸然闯入的小动物只凭本能行事。

武松的勇武阳刚像是磁石，自然而然把她从武大的懦弱猥琐中吸引开去。

可那个让她第一次动了心的人，也是第一次对她提起了“廉耻”。在武松的叱责中，潘金莲第一次，也是唯一一次，因为羞耻掉了泪。

武松的每一句都砸在了潘金莲心上：

“武二是个顶天立地的男子汉，不是那等败坏风俗人伦的猪狗。”

“嫂嫂休要这般不知羞耻，倘有风吹草动，我武二眼里认得是嫂嫂，拳头却不认得。”

“嫂嫂把得家定，我哥哥烦恼做什么。岂不闻古人云：篱牢犬不入。”

原来她潘金莲在他眼里，不过是个连猪狗都不如的人啊。她刚有了点儿廉耻之心，仅剩的尊严又被狠狠撕碎。

这是潘金莲生命中的第一次质变，她对男性懵懂的示好，开始变成了顺水推舟的风流。

她遇到西门庆，跟西门庆相爱，为西门庆杀了武大，一步步走向不见底的深渊。而她的步步惊心，换来的却是西门庆娶了孟玉楼的消息。

他是爱她，那些花前月下都是真的，但这并不妨碍他同时也喜欢着别人。前有孟玉楼、孙雪娥，后有李瓶儿、郑爱月。

潘金莲夹在西门庆的妻妻妾妾中间，并不是眉间心上的，而是可有可无的。

更何况她什么也没有，没有月娘的名分，没有孟玉楼的财力，没有李瓶儿的儿女运。

当然也不是不能平平淡淡地活下去，但你见过哪个有美貌有心气的女人，能坦然接受这般庸常的结局呢?

越有能力的人，就越容易不甘心，总觉得自己那么好那么努力，理应得到更好的待遇，得不到的也要硬抢。

偏偏西门庆的心像只不安分的花蝴蝶，哪怕她费尽心思，拈酸吃醋撒娇发痴，甚至不惜沾染上人命，他的心也从不会只停留在她一个人身上。

既然得不到爱，那就退而求其次，得到身体的抚慰吧。

西门庆的身体得不到，其他人也是可以的吧？于是她勾搭小斯琴童，勾搭西门家的女婿陈敬济。

满足了身体的欲望，就能忘了初心。

她就这样真的忘了对西门庆的爱，忘了她也曾一笔一画写下过“凡事同头上，切勿轻相弃”的誓词。西门庆把她当玩物，她也可以把他不当回事。

如果还有一点点爱，怎么可能狠下心把三颗药一股脑给西门庆吃下去了。怎么可能在西门庆卧床不起将死之时还惦记着自己的满足，怎么可能在西门庆的葬礼上跟陈敬济偷偷拉手调情。

那个天真的期盼着白首不相离的少女潘六儿早就死了。活着的，只是那个欲求不满、自私自利、死有余辜的潘金莲。

心理学上有个很有意思的动机理论，叫作“挫折倒退”理论，是马斯洛需求理论的补充。

什么意思呢？就是当一个人再努力也无法得到某个层次的满足时，就会退行到其他层次，去寻求满足感。

而潘金莲的一生，恰恰就是在不断退行的一生。

没有自我实现的机会，自尊也被撕破，得不到爱，没有安全感，她只剩下生存。

而生存本身就是粗劣的。一个对上升没有任何希望的人，根本就不会花心思去隐藏本性里的自私与丑恶。

这当然不是在为潘金莲辩白，只是当我也体验过那种万般压力之下，不受自我控制的下坠之后，终于还是忍不下心向她扔出石头。

只是忍不住想起南朝范缜的一段话：

人生如树花同发，随风而堕，自有拂帘幌坠于茵席之上，自有关篱墙落于粪溷之中。坠茵席者，殿下是也；落粪溷者，下官是也。贵贱虽复殊途，因果竟在何处。

我之所以没有像潘金莲一样破罐子破摔，一路坠落下去，或许并不是因为我的意志有多坚强，或者品格有多高洁，只是因为我生活的时代给了我更多选择。

出身不够显贵，用教育可以翻身。情场失意，还有职场可以拼杀成就。

没有爱情，还有友情和亲情可以取暖。美色不只是用来俘虏他人，也可以愉悦自己。

一念至此，对潘金莲就再也厌恶不起来。

只剩一声叹息。

《金瓶梅》

〔明〕兰陵笑笑生

系列4 人生终极挑战，是跨过曾经成功的你自己

《金瓶梅》里有三大女主角——潘金莲、李瓶儿和庞春梅。我写过其中两个，对于剩下的庞春梅，却一直不知道该如何下笔。

不仅仅因为兰陵笑笑生给她安排了一个近似于烂尾的仓促死亡，更是因为她短暂的一生中有太多让人看不懂的一波三折。

春梅出身不高，在潘金莲入府之前，她不过是月娘房里的一个小丫头，后由西门庆做主，拨给潘金莲当了掌事丫鬟。

潘金莲是出了名的善妒，可对“性聪慧，喜谑浪，善应对”的春梅，反常地友爱亲善，不仅不让春梅再做洒扫的粗活，还大大方方让西门庆“收用”了她。

春梅机敏聪慧，刚分到潘金莲房里不久，就靠自己的智商为潘金

莲立了一功。

潘金莲和小厮琴童调情，惹得西门庆生疑，要打潘金莲鞭子。与潘金莲同住一个屋檐下的春梅，却像个没事人似的不哭也不求情。

等西门庆打累了骂累了，来春梅房里喝茶，她甚至把西门庆教育了一通："这个，爹你好没的说！我和娘成日唇不离腮，娘肯与那奴才？这个都是人气不愤俺娘儿们，做出这样事来。爹，你也要个主张，好把丑名儿顶在头上，传出外边去好听？"（《金瓶梅》第十二回）

你看，这是多高明的一步，潘金莲跟小厮调情，整日跟潘金莲形影不离的春梅本就也脱不了干系。如果她上来就抱着西门庆的大腿痛哭求情，不仅帮不了潘金莲，甚至会惹得西门庆更加反感，火上浇油。

所以她选了相反的一招，用看似冷淡的态度把自己摘出去，然后给西门庆讲道理：潘金莲一心都在你身上，哪儿看得上什么小厮，这不过就是府里女人间钩心斗角的小把戏，你信了，就是把"绿帽子"往自己头上戴，说出去也丢人。

一番话说得西门庆立刻息事宁人，也让春梅真正成了潘金莲的心腹，在钩心斗角的深宅大院里，获得了难得的真挚友情。

春梅也很有脾气，凡是惹了她的，她都要"以牙还牙，十倍奉还"，她跟潘金莲串通一气，整倒了曾经打过自己的二房孙雪娥。

来西门府唱曲儿的乐妓申二姐说了句："你春梅姑娘她稀罕怎的，也来叫我？"（《金瓶梅》第七十五回）就被她骂得灰头土脸，哭哭啼啼地离开了西门府。

明明只是一个丫鬟的身份，摆出的却是正房娘子的架势。有趣的是，西门庆对春梅的“不守己”不仅不恼，甚至有几分欣赏和纵容。

我有时觉得，西门府里的春梅很像是大观园里的晴雯，伶俐，倔强且骄矜，如同一朵带刺的玫瑰花，让人恼火，但总是不忍心摧折。

春梅的好运还不仅于此，西门庆刚死不久，正房月娘一向看不惯春梅和潘金莲的沆瀣一气，把春梅赶出了门，卖给了另一家做小妾。

看似到了命运的末路，却奇迹般的绝处逢生。

买春梅做妾的周守备不仅不计较春梅的出身，还非常喜欢她，把府内大小事都交给她打理。春梅一生下儿子就被扶了正，成了风风光光的官夫人。

如果故事到这里结束，那春梅无疑就是第二个幸运无双的孟玉楼。只可惜，这天赐的一把好牌，却被她打了个稀烂。

跟西门庆的女婿陈敬济偷情，勾搭守备府的管家李安。周守备战死之后，她更是毫无顾忌地缠上了一个十九岁的“小鲜肉”，最后莫名其妙地死在了“小鲜肉”的身上。

这就是春梅的难写之处，不同于潘金莲迫于贫困的无可奈何，也不同于李瓶儿情根深种的不可自已，庞春梅曾经有过走出悲剧的机会。

怪就怪在她是在已经走出了荆棘之路，眼看面前就是康庄大道时，又猛回头一路狂奔，以八匹马都拉不住的架势，一头扎进了悲剧的黑雾里。

她若是蠢笨不开窍的孙雪娥也便罢了，可春梅明明是个聪明人，为什么偏去做了一件又一件糊涂事？

我是在前几天跟朋友聊天的时候，忽然想通了这个问题。

朋友是个程序员，做事又高效又认真。跟机器打交道的他一丝不苟，他的业务能力一向都是公司的翘楚，去年年底考评的时候被提拔成了经理，坐上了管理的职位。

他管人也像写代码，眼里一粒沙子也容不得。程序员的压力和工作量本来就大，在他手下干活实在像种折磨。还不到一年，手下的人已经走了一半，就在上个月，他从经理的位置上被撤了下来。

聚会的时候他说起这事儿又郁闷又委屈，不是没有人跟他说过“律己要严，管人要松”，道理都懂，每每事到临头，却还是控制不住自己的完美主义。

这样也没什么不好，他的潜意识悄悄说。

他一个没权没势没后门的普通人，不就是靠着自己的一丝不苟，才走到今天这一步的吗？如果不这样做，哪里轮到他有出头之日呢？

我们生活中常常要面对这样的考验：

如果有一天，你必须要靠改变你的性格和价值观，才能守住你用这种性格和价值观赢来的一切。

你甘不甘心，你敢不敢？

对于大多数人来讲，当曾经助力你成功的东西反过来成为你的掣肘时，还是舍不得把它推翻重建。

春梅不也是如此吗？

她只讲情分、不分是非的处事风格，让她得到了潘金莲的友谊。

她的伶俐和桀骜不驯，让她得到了西门庆的另眼相看。

她的倔强，让她在被赶出西门府的时候仍然能昂首挺胸地开始新生活。

可同样一种性格，在不同的处境里，就成了毫无底线、骄横跋扈和为所欲为。

我想，她或许在某个夜深人静时闪过“不能再这样下去了”的念头，只是人总是这样，无论在夜里有什么样的豪言壮语，起床后还是会本能地靠近自己最熟悉的东西。

于是被曾经成全过自己的东西吞没，一步步走入看不见光的无底洞。

每种性格都是一枚硬币，你享受这枚硬币正面带来的荣光，就必须要提防背面可能导致的苦果。而最难的一关，就是摒弃对旧日成功的依依不舍。

《三国演义》［明］罗贯中

曹操为什么不挖诸葛亮？

小时候看《三国演义》的时候，一直有个疑问：诸葛亮这么牛，要是跟了曹操，是不是早就一统中原了。

今年重读了一遍三国，更是觉得有点儿遗憾。曹操是真的惜才，为了吸引人才不可谓不拼，就连长坂坡前赵云一战成名，也或多或少因了曹操那句“只能生擒，不许放箭”的命令。

为了得一名武将，宁可眼睁睁看着刘备的继承人被救走，也不忍心下杀手。那为什么放着一个名气这么大的诸葛亮，却从来没想过把他挖过来呢？

类似的招数曹操不是没用过。为了赚徐庶进曹营，曹操可是连扣住人家老母，伪造徐母信件的招数都使得出来，而那只不过因为程昱说了句：徐庶之才，十倍于昱。曹操就立刻下定了决心。

可到了诸葛亮这儿，故事变得奇怪起来。

先来看看火烧博望坡之前，曹营里的聊天记录。

先提起诸葛亮的是荀彧："刘备英雄，今更兼诸葛亮为军师，不可轻敌。"

徐庶紧接着跟上："今玄德得诸葛亮为辅，如虎生翼矣……（亮）有经天纬地之才，出鬼入神之计……庶安敢比亮？庶如萤火之光，亮乃皓月之明也。"

奇怪在哪里呢？

要知道，当时的名士之间最流行的就是"互相举荐"，类似荀彧推荐程昱、程昱推荐郭嘉这样，牵住一根藤收获无数个葫芦的例子不胜枚举，毕竟万一推荐的人给力，自己也能沾不少光。

诸葛亮对于曹操的团队来讲，并不是个凭空冒出来的新人，早就有人知道他的大名，也早就知道他的能耐，可偏偏没有人跟曹操提过。

更奇怪的是曹操的反应。一个才华超过程昱十倍的徐庶，都能被曹操费尽心思挖角，可到了一个才华超过徐庶百倍的诸葛亮，曹操却像是没听见一样，答应了夏侯惇的请战。

"汝早报捷书，以慰吾心。"

看看，连"见到诸葛亮帮我带个话儿"或者"不要伤害诸葛亮，把他带回来见我"这样的叮嘱也没一句。

再往后看，就连孙权也向诸葛亮几次三番伸出橄榄枝，曹操却像被烧出了阴影一样，始终选择性无视诸葛亮的存在。

这甚至算不上一个“诸葛亮愿不愿意，能不能挖的过来”的问题，自始至终，曹操压根儿就没起过要把诸葛亮挖过来的心。

我想答案的源头，或许还要从诸葛亮的性格说起。

诸葛亮第一次出场，是在徐庶临行去曹营之前。徐庶特地去拜访了诸葛亮，介绍了刘备的种种好处，希望诸葛亮在刘备来的时候给一点儿好脸色，“望公勿推阻，即展平生之大才以辅之”。

而诸葛亮的反应呢？是直接给徐庶摆了脸色：“君以我为享祭之牺牲乎！”然后拂袖而入，徐庶尴尬得只好上马启程。

这个桥段，再加上“不求闻达于诸侯”的口头禅，是不是很像水镜先生司马徽那种，看穿了红尘滚滚、决意不肯入仕的隐士？

但别忘了，除了“我耕田我快乐之外”，诸葛亮还有一句口头禅“常自比管仲、乐毅”。

管仲、乐毅是什么人？一个开国宰相，一个柱国将军，要跟这两个人相提并论，至少你也得先做了官，才有可能取得超越他们的成绩吧。

诸葛亮哪里是真的不想做官，厌恶俗世争斗呢？他只是一直在等一个舞台，能让自己一显身手罢了。

这样拧巴又这样有野心的人，一定是希望独舞，让全舞台的聚光灯只照在自己身上的。

这一点，曹操的谋士们懂，曹操从他们的“知而不荐”中，也琢磨出了几分。

诸葛亮渴望的那种一枝独秀式的舞台，别说在人才济济的曹营了，就算是偏安一隅的孙权也给不了。

要是把诸葛亮弄过来了，郭嘉、荀彧、贾诩、荀攸、程昱和其他谋士要如何自处？把自己的戏份平白让人，恐怕没几个人会甘心。

值不值得为了一个诸葛亮，失去身边其他人的助力。这才是曹操面对的真正难题。

可当时的刘备就不一样了，顶着皇叔的名头大赚了一笔人心，关张赵都是不世出的猛将，可身边的军师只有糜芳这种不入流的谋士。这才是万事俱备、只欠诸葛亮的那股东风。

诸葛亮对一枝独秀的需求，曹操懂，刘备其实也懂。

就算是后来挖到了庞统，刘备也不敢把卧龙雏凤放在一起。他让诸葛亮留守荆州，自己带着庞统去打西川，直到庞统死了，才敢把诸葛亮调过来，继续让他享受说一不二的待遇。

给足排面，给足尊重，在诸葛亮三分之策的大前提下，刘备也渐渐确立了自己的底盘和团队。看上去好像诸葛亮真的完成了自己超越管仲和乐毅的理想。

诸葛亮对刘备，从一开始就是“智力碾轧”。

整部《三国演义》看下来，很少能在刘备和诸葛亮之间看到曹操团队里那种“默契一闪”，同时想到了某个阴招的时刻。

大多数时候，都是刘备苦着脸问诸葛亮“咋办”，而诸葛亮胸有成竹地告诉刘备“你就哭，一直哭别说话，我自有妙计”。

刘备不知道，也不敢问，问了也不懂，只好按照诸葛亮说的执行。

但这种“不知且不疑”，注定只能在开始时昙花一现，可人心的阴暗面又注定了每个人都会对自己驾驭不了的人心怀忌惮和恐惧。

我一直觉得，刘备对诸葛亮的忌惮，在他称王的前夕达到了顶峰。

当时曹丕已经自立，群臣极力劝说刘备也跟上。刘备抵死不从，诸葛亮装病引得刘备来探病，他在榻上对刘备一番晓之以理动之以情的劝进，好不容易得到了刘备一句“那就等你病好再说”的承诺。

诸葛亮立刻翻身坐起，将屏风一击，外面文武众官皆入，拜伏于地，恭贺刘备称王。

你要是刘备，你怕不怕？

原来诸葛亮对群臣的影响已经这么大了，那他今天可以拥立我，是不是明天也能拥立别人？

像挂在头顶的达摩克利斯之剑，谁也不知道它会不会掉下来，以及什么时候会掉下来。

怀疑的种子一旦发芽，就会不可抑制地越开越大，于是之前的“全凭军师吩咐”，就统统变成了“朕亦颇知兵法，何必又问丞相”。

到了白帝城托孤的时候，更是不惜直接挖了个坑给诸葛亮跳：“若嗣子可辅，则辅之；如其不才，君可自为成都之主。”

要是真心诚意，大可以准备一份密诏，至少也要背过人，当悄悄话只说给诸葛亮听吧？

可刘备说这句话，偏偏挑了文武百官和自己的两个儿子都在场的时候，还要特地嘱咐一下赵云“早晚看觑吾子”，照顾自己的孩子。

在这种场合下，就算是诸葛亮真的有野心取而代之，不也得推托两句？

只要你推托，你就是在群臣面前发了誓。如果你有一天背了誓，人人皆可得而诛之。

就是这样也不放心，还要安排一个既没有成绩也没有风骨的李严来分诸葛亮的权。

想来也真是让人难过。

刘备从来都不是个有计谋的聪明人，而他一生中想出的最好、最万全的一招，居然是用来对付那个一手为他定了江山、为他鞠躬尽瘁的人。

享受独舞的人，必定要为幕布背后全部的怀疑、算计与忌惮买单。没人能分享你的光环，也就没人能分担你的苦痛。

而无论舞有多美，幕布都一定会落。